中華文化總會
國家教育研究院 主編

太公六韜今註今譯

徐培根 註譯

臺灣商務印書館

《古籍今註今譯》新版序

中華文化精深博大，傳承頌讀，達數千年，源遠流長，影響深遠。當今之世，海內海外，莫不重新體認肯定固有傳統，中華文化歷久彌新、累積智慧的價值，更獲普世推崇。

語言的定義與運用，隨著時代的變動而轉化；古籍的價值與傳承，也須給予新的註釋與解析。商務印書館在先父王雲五先生的主持下，一九二〇年代曾經選譯註解數十種學生國學叢書，流傳至今。

臺灣商務印書館在臺成立六十餘年，繼承上海商務印書館傳統精神，以「宏揚文化、匡輔教育」為己任。六〇年代，王雲五先生自行政院副院長卸任，重新主持臺灣商務印書館，仍以「出版好書，匡輔教育」為宗旨。當時適逢國立編譯館中華叢書編審委員會編成《資治通鑑今註》（李宗侗、夏德儀等校註），委請臺灣商務印書館出版，全書十五冊，千餘萬言，一年之間，全部問世。

王雲五先生認為，「今註資治通鑑，雖較學生國學叢書已進一步，然因若干古籍，文義晦澀，今註之外，能有今譯，則相互為用，今註可明個別意義，今譯更有助於通達大體，寧非更進一步歟？」

因此，他於一九六八年決定編纂「經部今註今譯」第一集十種，包括：詩經、尚書、周易、周禮、禮記、春秋左氏傳、大學、中庸、論語、孟子，後來又加上老子、莊子，共計十二種，改稱《古籍今註今譯》，參與註譯的學者，均為一時之選。

臺灣商務印書館以純民間企業的出版社，來肩負中華文化古籍的今註今譯工作，確實相當辛苦。中華文化復興運動總會（中華文化總會前身）成立後，一向由總統擔任會長，號召推動文化復興重任，素有成效。七〇年代，王雲五先生承蒙層峰賞識，委以重任，擔任文復會副會長。他乃將古籍今註今譯列入文復會工作計畫，廣邀文史學者碩彥，參與註解經典古籍的行列。文復會與國立編譯館中華叢書編審委員會攜手合作，列出四十二種古籍，除了已出版的第一批十二種是由王雲五先生主編外，文復會與國立編譯館主編的有二十一種，另有八種雖列入出版計畫，卻因各種因素沒有完稿出版。臺灣商務印書館另外約請學者註譯了九種，加上《資治通鑑今註》，共計出版古籍今註今譯四十三種。茲將書名及註譯者姓名臚列如下，以誌其盛：

序號	書名	註譯者	主編	初版時間
1	尚書	屈萬里	王雲五（臺灣商務印書館）	五八年九月
2	詩經	馬持盈	王雲五（臺灣商務印書館）	六〇年七月
3	周易	南懷瑾	王雲五（臺灣商務印書館）	六三年十二月
4	周禮	林尹	王雲五（臺灣商務印書館）	六一年九月
5	禮記	王夢鷗	王雲五（臺灣商務印書館）	七三年一月
6	春秋左氏傳	李宗侗	王雲五（臺灣商務印書館）	六〇年一月
7	大學	宋天正	王雲五（臺灣商務印書館）	六六年二月
8	中庸	宋天正	王雲五（臺灣商務印書館）	六六年二月
9	論語	毛子水	王雲五（臺灣商務印書館）	六四年十月
10	孟子	史次耘	王雲五（臺灣商務印書館）	六二年二月
11	老子	陳鼓應	王雲五（臺灣商務印書館）	五九年五月

12	莊子	陳鼓應	王雲五（臺灣商務印書館）	六四年十二月
13	大戴禮記	高明	文復會、國立編譯館	六四年四月
14	春秋公羊傳	李宗侗	文復會、國立編譯館	六二年五月
15	春秋穀梁傳	薛安勤	文復會、國立編譯館	八三年八月
16	韓詩外傳	賴炎元	文復會、國立編譯館	六一年九月
17	孝經	黃得時	文復會、國立編譯館	六一年七月
18	列女傳	張敬	文復會、國立編譯館	八三年六月
19	新序	盧元駿	文復會、國立編譯館	六四年四月
20	說苑	盧元駿	文復會、國立編譯館	六六年二月
21	墨子	李漁叔	文復會、國立編譯館	六三年五月
22	荀子	熊公哲	文復會、國立編譯館	六四年九月
23	韓非子	邵增樺	文復會、國立編譯館	七一年九月
24	管子	李勉	文復會、國立編譯館	七七年七月
25	孫子	魏汝霖	文復會、國立編譯館	六一年八月
26	史記	馬持盈	文復會、國立編譯館	六八年七月
27	商君書	賀凌虛	文復會、國立編譯館	七六年三月
28	太公六韜	徐培根	文復會、國立編譯館	六五年二月
29	黃石公三略	魏汝霖	文復會、國立編譯館	六四年六月
30	司馬法	劉仲平	文復會、國立編譯館	六四年十一月
31	尉繚子	劉仲平	文復會、國立編譯館	六四年十一月
32	吳子	傅紹傑	文復會、國立編譯館	六五年四月
33	唐太宗李衛公問對	曾振	文復會、國立編譯館	六四年九月
34	資治通鑑今註	李宗侗等	國立編譯館	五五年十月
35	春秋繁露	賴炎元	文復會、國立編譯館	七三年五月

36	公孫龍子	陳癸淼	文復會、國立編譯館	七五年一月
37	晏子春秋	王更生	文復會、國立編譯館	七六年八月
38	呂氏春秋	林品石	文復會、國立編譯館	七四年二月
39	黃帝四經	陳鼓應	臺灣商務印書館	八四年六月
40	人物志	陳喬楚	文復會、國立編譯館	八五年十二月
41	近思錄、大學問	古清美	文復會、國立編譯館	八九年九月
42	抱朴子內篇	陳飛龍	文復會、國立編譯館	九〇年一月
43	抱朴子外篇	陳飛龍	文復會、國立編譯館	九一年一月
44	四書（合訂本）	楊亮功等	王雲五（臺灣商務印書館）	六八年四月

已列計畫而未出版：

序號	書名	譯註者	主編	
1	國語	張以仁	文復會、國立編譯館	
2	戰國策	程發軔	文復會、國立編譯館	
3	淮南子	于大成	文復會、國立編譯館	
4	論衡	阮廷焯	文復會、國立編譯館	
5	楚辭	楊向時	文復會、國立編譯館	
6	文心雕龍	余培林	文復會、國立編譯館	
7	說文解字	趙友培	國立編譯館	
8	世說新語	楊向時	國立編譯館	

臺灣商務印書館董事長**王學哲**謹序　二〇〇九年九月

重印古籍今註今譯序

古籍蘊藏著古代中國人智慧精華，顯示中華文化根基深厚，亦給予今日中國人以榮譽與自信。然而由於語言文字之演變，今日閱讀古籍者，每苦其晦澀難解，今註今譯為一解決可行之途徑。今註，釋其文，可明個別詞句；今譯，解其義，可通達大體。兩者相互為用，可使古籍易讀易懂，有助於國人對固有文化正確了解，增加其對固有文化之信心，進而注入新的精神，使中華文化成為世界上最受人仰慕之文化。

此一創造性工作，始於民國五十六年本館王故董事長選定經部十種，編纂白話註譯，定名經部今註今譯。嗣因加入子部二種，改稱古籍今註今譯。分別約請專家執筆，由雲老親任主編。

此一工作旋獲得中華文化復興運動推行委員會之贊助，納入工作計畫，大力推行，並將註譯範圍擴大，書目逐年增加。至目前止已約定註譯之古籍四十五種，由文復會與國立編譯館共同主編，而委由本館統一發行。

古籍今註今譯自出版以來，深受社會人士愛好，不數年發行三版、四版，有若干種甚至七版、八版。出版同業亦引起共鳴，紛選古籍，或註或譯，或摘要註譯。回應如此熱烈，不能不歸王雲老當初創意與文復會大力倡導之功。

已出版之古籍今註今譯，執筆專家雖恭敬將事，求備求全，然為時間所限，或因篇幅眾多，間或難免舛誤；排版誤置，未經校正，亦所不免。本館為對讀者表示負責，決將已出版之二十八種（本館自行約人註譯者十二種，文復會與編譯館共同主編委由本館印行者十六種）全部重新活版排印。為此與文復會商定，在重印之前由文復會請原註譯人重加校訂，原註譯人如已去世，則另約適當人選擔任。修訂完成，再由本館陸續重新印行。為期儘量減少錯誤，定稿之前再經過審閱，排印之後並加強校對。所有此等改進事項，本館將支出數百萬元費用。本館以一私人出版公司，在此出版業不景氣時期，不惜花費巨資重新排版印行者，實懍於出版者對文化事業所負責任之重大，並希望古籍今註今譯今後得以新的面貌與讀者相見。茲值古籍今註今譯修訂版問世之際，爰綴數語誌其始末。

臺灣商務印書館編審委員會謹識　一九八一年十二月二十四日

古籍今註今譯修訂版序

中國文化淵深博大。語其深，則源泉如淵，語其廣，則浩瀚無涯，語其久，則悠久無疆。上探宇宙之奧祕，下窮人事之百端。應乎天理，順乎人情。以天人為一體，以四海為一家。氣象豪邁，體大思精。一切研究發展，以人為中心，以實事求是為精神。不尚虛玄，力求實效。遂自然演成人文文化，為中國文化之可貴特徵。

文化的創造為生活，文化的應用在生活。離開生活就沒有文化。文化是個抽象的名詞，內而存於心，外而發於言，見於行。不知不覺自然流露，自然表現，所以稱之曰「化」。一言一默，一動一靜，無形中都受文化的影響。發於聲則為詩、為歌；見於行則為事；著於文則為典籍書冊，皆出於自然。聲可聞，事可見，但轉瞬消逝不復存。惟有著為典籍書冊者，既可行之遠，又能傳之久。後之人欲於耳目之外上知古之人古之事，則惟有求之於典籍，則典籍之於文化傳播，為惟一之憑藉。

中華民族明於理，重於情。人與人之間有相同的好惡，相同的感覺，相同的是非。因此，心與心相通，事與事相關，禍與福相共，甚至願望相求，知識、經驗、閱歷……等等，無一不想彼此相貫通、相交換、或相傳授。這是中國人特別著重的心理要求。大家一樣，這些心理要求，靠聲音、靠行動，都不能行之遠，傳之久。必欲達此目的，只有利用文字，著於典籍書冊了。書冊著成，心理要求達成了，自己的知識，經驗閱歷，乃至於情感、願望，一切藉文字傳出了。生命不朽，精神長存。可貴的中國文化，一代一代的寶貴經驗閱歷，皆可藉此傳播至無限遠，無窮久。因此，我認為中國古書即中國文化之結晶。

在讀者一面講，藉著典籍書冊，可與古人相交通，彼此心心相印，情感交流。最重要者應該說是文化的流傳，教訓的接納，成敗得失的鑒戒，都可由此得到收穫。我們要知道，文化是要積累進步的，不接受前人的經驗，和寶貴的知識學問，後人即無法得到積累的進步。一代一代積累下去，文化才有無窮的創造和進步。因此，讀書，讀古人書，讀千錘百鍊而不磨滅的書，遂成青年人不可忽視的要務。

古今文字有演變，文學風格，文字訓詁也有許多改變。讀起來不免事倍功半。近年朝野致力於文化復興，文化建設，讀古書即成最先急務。為了便利閱讀，把一部一部古書用今天的語言，今天的解釋，整理編印起來，稱為今註今譯。

本會故前副會長王雲五先生在其所主持的臺灣商務印書館，首先選定古籍十二種，予以今註今譯。本會學術研究出版促進委員會與教育部國立編譯館中華叢書編審委員會繼續共同辦理古籍今註今譯的工作，註譯的古籍仍委請臺灣商務印書館印行。連同王故前副會長主編註譯的古籍十二種，現已進行註譯者四十五種，共計五十七種。已出版者二十九種，在註譯審查中者二十八種，正分別洽催，希早日出書。此外，並進行約請學者註譯其他古籍。

一九八一年春，本會學術研究出版促進委員會與臺灣商務印書館數度磋商，並獲得教育部國立編譯館贊助，就已出版的二十九種古籍今註今譯，重加修訂。將以往間排版誤置、原稿遺漏、未經校正之處，均商請原註譯人重加校訂，原註譯人如已去世，則另約適當人選擔任。修訂完成，仍交臺灣商務印書館重新排印。初步進行修訂的書名及註譯者如下：

詩經今註今譯	馬持盈	孝經今註今譯	黃得時
尚書今註今譯	屈萬里	春秋公羊傳今註今譯	李宗侗
禮記今註今譯	王夢鷗	大戴禮記今註今譯	高　明
新序今註今譯	盧元駿	孟子今註今譯	史次耘
周易今註今譯	南懷瑾 徐芹庭	論語今註今譯	毛子水
春秋左傳今註今譯	李宗侗	大學今註今譯	宋天正註譯 楊亮功校訂
中庸今註今譯	宋天正註譯 楊亮功校訂	司馬法今註今譯	劉仲平
黃石公三略今註今譯	魏汝霖	孫子今註今譯	魏汝霖
尉繚子今註今譯	劉仲平	太公六韜今註今譯	徐培根
說苑今註今譯	盧元駿	荀子今註今譯	熊公哲
墨子今註今譯	李漁叔	韓詩外傳今註今譯	賴炎元
唐太宗李衛公問對今註今譯	曾　振	吳子今註今譯	傅紹傑

以上進行修訂者廿四種，將陸續出書。其餘五種，亦將繼續修訂。惟古籍整理的工作，極為繁重。因本會人力及財力，均屬有限，故在工作的進行與業務開展上，仍乞海內外學者專家及文化界人士，熱心參與，多多支持，並賜予指教。本會亦當排除萬難，竭誠勉力，以赴事功。

中華文化復興運動推行委員會祕書長　**陳奇祿**　謹序　一九八三年十一月十二日

編纂古籍今註今譯序

古籍今註今譯，由余歷經嘗試，認為有其必要，特於中華文化復興運動推行委員會成立伊始，研議工作計畫時，余鄭重建議，幸承採納，經於工作計畫中加入此一項目，並交由學術研究出版促進委員會主辦。茲當會中主編之古籍第一種出版有日，特舉述其要旨。

由於語言文字習俗之演變，古代文字原為通俗者，在今日頗多不可解。以故，讀古書者，尤以在具有數千年文化之我國中，往往苦其文義之難通。余為協助現代青年對古書之閱讀，在距今四十餘年前，曾為商務印書館創編學生國學叢書數十種，其凡例如左：

一、中學以上國文功課，重在課外閱讀，自力攻求；教師則為之指導焉耳。惟重篇巨帙，釋解紛繁，得失互見，將使學生披沙而得金，貫散以成統，殊非時力所許；是有需乎經過整理之書篇矣。本館鑒此，遂有學生國學叢書之輯。

二、本叢書所收，均重要著作，略舉大凡；經部如詩、禮、春秋；史部如史、漢、五代；子部如莊、孟、荀、韓，並皆列入；文辭則上溯漢、魏，下迄五代；詩歌則陶、謝、李、杜，均有單本；詞則多采五代、兩宋；曲則擷取元、明大家；傳奇、小說，亦選其英。

三、諸書選輯各篇，以足以表見其書、其作家之思想精神、文學技術者為準；其無關宏旨者，概從刪削。所選之篇類不省節，以免割裂之病。

四、諸書均為分段落，作句讀，以便省覽。

五、諸書均有註釋；古籍異釋紛如，即采其較長者。

六、諸書較為罕見之字，均注音切，並附注音字母，以便諷誦。

七、諸書卷首，均有新序，述作者生平，本書概要。凡所以示學生研究門徑者，不厭其詳。

然而此一叢書，僅各選輯全書之若干片段，猶之嘗其一臠，而未窺全豹。及一九六四年，余謝政後重主本館，適國立編譯館有今註資治通鑑之編纂，甫出版三冊，以經費及流通兩方面，均有借助於出版家之必要。商之於余，以其係就全書詳註，足以彌補余四十年前編纂學生國學叢書之闕，遂予接受；甫歲餘，而全書十有五冊，千餘萬言，已全部問世矣。

余又以今註資治通鑑，雖較學生國學叢書已進一步；然因若干古籍，文義晦澀，今註以外，能有今譯，則相互為用；今註可明個別意義，今譯更有助於通達大體，寧非更進一步歟？

幾經考慮，乃於五十六年秋決定編纂經部今註今譯第一集十種，其凡例如左：

一、經部今註今譯第一集，暫定十種，其書名及白文字數如左。

㈠詩經、㈡尚書、㈢周易、㈣周禮、㈤禮記、㈥春秋左氏傳、㈦大學、㈧中庸、㈨論語、㈩孟子。

以上共白文四八三三七九字

二、今註仿資治通鑑今註體例，除對單字詞語詳加註釋外，地名必註今名，年份兼註公元，衣冠文物莫不詳釋，必要時並附古今比較地圖與衣冠文物圖案。

三、全書白文約五十萬言，今註假定占白文百分之七十，今譯等於白文百分之一百三十，合計白文連註譯約為一百五十餘萬言。

四、各書按其分量及難易，分別定期於半年內，一年內或一年半內繳清全稿。

五、各書除付稿費外，倘銷數超過二千部者，所有超出之部數，均加送版稅百分之十。

稍後，中華文化復興運動推行委員會制定工作實施計畫，余以古籍之有待於今註今譯者，不限於經部，且此種艱巨工作，不宜由獨一出版家擔任，因即本此原則，向推行委員會建議，幸承接納，經於工作計畫中加入古籍今註今譯一項，並由其學術研究出版促進委員會決議，選定第一期應行今註今譯之古籍約三十種，除本館已先後擔任經部十種及子部二種外，徵求各出版家分別擔任。深盼羣起共鳴，一集告成，二集繼之，則於復興中華文化，定有相當貢獻。

本館所任之古籍今註今譯十有二種，經慎選專家定約從事，閱時最久者將及二年，較短者不下一年，則以屬稿諸君，無不敬恭將事，求備求詳；迄今祇有尚書及禮記二種繳稿，所有註譯字數，均超出原預算甚多，以禮記一書言，竟超過倍數以上。茲當第一種之尚書今註今譯排印完成，問世有日，謹述緣起及經過如右。

王雲五　一九六九年九月二十五日

「古籍今註今譯」序

一九六六年十一月十二日，國父百年誕辰，中山樓落成。蔣總統發表紀念文，倡導復興中華文化，全國景從。孫科、王雲五、孔德成、于斌諸先生等一千五百人建議，發起我中華文化復興運動，冀使中華文化復興並發揚光大。於是，海內外一致響應。復由政府及各界人士的共同策動，中華文化復興運動推行委員會於一九六七年七月二十八日，正式成立，恭推　蔣總統任會長，並請孫科、王雲五、陳立夫三先生任副會長，本人擔任祕書長。

文化的內涵極為廣泛，中華文化復興的工作，絕不是中華文化復興運動推行委員會一個機構的努力可以達成的，而是要各機關社團暨海內外每一個國民盡其全力來推動。但中華文化復興運動推行委員會，在整個中華文化復興工作中，負有策劃、協調、鼓勵與倡導的任務。八年多來，中華文化復興運動推行委員會，本著此項原則，在默默中做了許多工作，然而卻很少對外宣傳，因為我們所期望的，不是個人的事功，而是中華文化的光輝日益燦爛，普遍地照耀於全世界。

學術是文化中重要的一環，我國古代的學術名著很多，這些學術名著，蘊藏著中國人智慧與理想的精華，象徵著中華文化的精深與博大，也給予今日的中國人以榮譽和自信心。要復興中華文化，就應該讓今日的中國人能讀到而且讀懂這些學術名著，因此，中華文化復興運動推行委員會，在其推行計畫中，即列有「發動出版家編印今註今譯之古籍」一項，並會請各出版機構對歷代學術名著，作有計畫的整理註譯。但由於此項工作浩大艱巨，一般出版界因限於人力、財力，難肩此重任，王雲五先生為中華文化復興運動推行委員會副會長，並兼任學術研究出版促進委員會主任委員，乃以臺灣商務印書館率先倡導，將尚書、詩經、周易等十二種古籍加以今註今譯。（稿費及印刷費用全由商務印書館自行負擔。）然而，歷代學術名著值得令人閱讀者實多，中華文化復興運動推行委員會，遂再與國立編譯館洽商，共同約請學者專家從事更多種古籍的今註今譯，所需經費由中華文化復興運動推行委員會與國立編譯館中華叢書編審委員會共同負責籌措，承蒙國立編譯館慨允合作，經決定將大戴禮記、公羊、穀梁等二十七種古籍，請學者專家進行註譯，國立編譯館並另負責註譯「說文解字」及「世說新語」兩種。於是前後計畫著手今註今譯的古籍，得達到四十一種之多，並已分別約定註譯者。其書目為：

古籍名稱	註譯者	主編者
尚書	屈萬里	王雲五先生（臺灣商務印書館）
詩經	馬持盈	王雲五先生（臺灣商務印書館）
周易	南懷瑾、徐芹庭	王雲五先生（臺灣商務印書館）
周禮	林尹	王雲五先生（臺灣商務印書館）
禮記	王夢鷗	王雲五先生（臺灣商務印書館）
春秋左氏傳	李宗侗	王雲五先生（臺灣商務印書館）
大學	楊亮功	王雲五先生（臺灣商務印書館）
中庸	楊亮功	王雲五先生（臺灣商務印書館）
論語	毛子水	王雲五先生（臺灣商務印書館）

孟子	史次耘	王雲五先生（臺灣商務印書館）
老子	陳鼓應	王雲五先生（臺灣商務印書館）
莊子	陳鼓應	王雲五先生（臺灣商務印書館）
大戴禮記	高明	中華文化復興運動推行委員會、國立編譯館中華叢書編審委員會
公羊傳	李宗侗	中華文化復興運動推行委員會、國立編譯館中華叢書編審委員會
穀梁傳	周何	中華文化復興運動推行委員會、國立編譯館中華叢書編審委員會
韓詩外傳	賴炎元	中華文化復興運動推行委員會、國立編譯館中華叢書編審委員會
孝經	黃得時	中華文化復興運動推行委員會、國立編譯館中華叢書編審委員會
國語	張以仁	中華文化復興運動推行委員會、國立編譯館中華叢書編審委員會
戰國策	程發軔	中華文化復興運動推行委員會、國立編譯館中華叢書編審委員會
列女傳	張敬	中華文化復興運動推行委員會、國立編譯館中華叢書編審委員會
新序	盧元駿	中華文化復興運動推行委員會、國立編譯館中華叢書編審委員會
說苑	盧元駿	中華文化復興運動推行委員會、國立編譯館中華叢書編審委員會
墨子	李漁叔	中華文化復興運動推行委員會、國立編譯館中華叢書編審委員會
荀子	熊公哲	中華文化復興運動推行委員會、國立編譯館中華叢書編審委員會
韓非子	邵增樺	中華文化復興運動推行委員會、國立編譯館中華叢書編審委員會
管子	李勉	中華文化復興運動推行委員會、國立編譯館中華叢書編審委員會
淮南子	于大成	中華文化復興運動推行委員會、國立編譯館中華叢書編審委員會
孫子	魏汝霖	中華文化復興運動推行委員會、國立編譯館中華叢書編審委員會
論衡	阮廷焯	中華文化復興運動推行委員會、國立編譯館中華叢書編審委員會
史記	馬持盈	中華文化復興運動推行委員會、國立編譯館中華叢書編審委員會
楚辭	楊向時	中華文化復興運動推行委員會、國立編譯館中華叢書編審委員會
商君書	賀凌虛、張英琴	中華文化復興運動推行委員會、國立編譯館中華叢書編審委員會
太公六韜	徐培根	中華文化復興運動推行委員會、國立編譯館中華叢書編審委員會

黃石公三略	魏汝霖	中華文化復興運動推行委員會、國立編譯館中華叢書編審委員會
司馬法	劉仲平	中華文化復興運動推行委員會、國立編譯館中華叢書編審委員會
尉繚子	劉仲平	中華文化復興運動推行委員會、國立編譯館中華叢書編審委員會
吳子	傅紹傑	中華文化復興運動推行委員會、國立編譯館中華叢書編審委員會
唐太宗、李衞公問對	曾振	中華文化復興運動推行委員會、國立編譯館中華叢書編審委員會
文心雕龍	余培林	中華文化復興運動推行委員會、國立編譯館中華叢書編審委員會
說文解字	趙友培	國立編譯館中華叢書編審委員會
世說新語	楊向時	國立編譯館中華叢書編審委員會

以上四十一種今註今譯古籍均由臺灣商務印書館肩負出版發行責任。當然，中國歷代學術名著，有待今註今譯者仍多。只是限於財力，一時難以立即進行，希望在這四十一種完成後，再繼續選擇其他古籍名著加以註譯。

古籍今註今譯的目的，在使國人對艱深難解的古籍能夠易讀易懂，因此，註譯均用淺近的語體文，希望國人能藉今註今譯的古籍，而對中國古代學術思想與文化，有正確與深刻的瞭解。

或許有人認為選擇古籍予以註譯，不過是保存固有文化，對其實用價值存有懷疑。但我們認為中華文化復興並非復古復舊，而在創新。任何「新」的思想（尤其是人文與社會科學方面）無不緣於「舊」的思想蛻變演進而來。所謂「溫故而知新」，不僅歷史學者要讀歷史文獻，化學家豈能不讀化學史與前人化學文獻？生物學家豈能不讀生物學史與前人生物學文獻？文學家豈能不讀文學史與古典文獻？讀史與讀前人的著作，正是吸取前人文化所遺留的經驗、智慧與思想，如能藉今註今譯的古籍，讓國人對固有文化有充分而正確的瞭解，增加對固有文化的信心，進而對固有文化注入新的精神，使中華文化成為世界上最受人仰慕的一種文化，那麼，中華文化的復興便可拭目以待，而倡導文化復興運動的目的也就達成了。所以，我們認為選擇古籍予以今註今譯的工作，對復興中華文化而言是正確而有深遠意義的。

今註今譯是一件不容易做的工作，我們所約請的註譯者都是學識豐富而且對其所註譯之書有深入研究的學者，他們從事註譯工作的態度也都相當嚴謹，有時為一字一句之考證、勘誤，參閱與該註譯之古籍有關書典達數十種之多者。其對中華文化負責之精神如此。我們真無限地感謝擔任註譯工作的先生們，為復興文化所作的貢獻。同時我們也感謝王雲五先生的鼎力支持，使這項艱巨的工作得以順利進行。中華文化復興運動推行委員會所屬學術研究出版促進委員會，對於這項工作的策劃、協調、聯繫所竭盡之心力，在整個中華文化復興運動的過程中，也必將留下不可磨滅的紀錄。

谷鳳翔序於臺北市

一九七五年八月十九日

序言

太公兵法，計有《六韜》、《三略》和《陰符經》三種，流傳至今已歷三千一百六十餘年，為中國現存古代典籍中最為古老的兵學書籍。在此三千一百六十餘年中，因流傳方法之不同，文字書法之變遷，各代之記載各有不同。班固所著《漢書・藝文志》裏，載有太公謀八十一篇，言七十一篇，兵八十五篇，共二百三十七篇。又同志儒家類另有周史六弢六篇，唐顏師古註稱：「周史係春秋時代周惠王襄王時人，一說是戰國時代周顯王時人。弢即韜字。六弢即今之六韜也。」《隋書・經籍志》兵家類裏，卻祇載有太公六韜五卷，太公陰謀一卷，太公陰符經一卷，太公兵法六卷，黃石公太公三略三卷，而沒有漢志所載太公二百三十七篇。《舊唐書・經籍志》兵家類裏載有太公陰謀三卷，太公六韜六卷，黃石公三略三卷，《新唐書・藝文志》所載與此相同。《宋史・藝文志》則載有六韜六卷，朱服校定太公六韜六卷，三略三卷，陰符二十四機一卷，又吳章註陰符三卷。《明史・藝文志》載劉寅七書，內有太公六韜三略，列於兵家，而陰符經則列於道家。由於以上所述三千一百六十餘年來之輾轉流傳，各書之名稱篇數各有不同。於是一般文人學士們懷疑諸書都是後人的偽作，議論紛紜，頗使讀者心中發生甚大的困惑。最近中國大陸的考古團體在山東省臨沂縣銀雀山的漢墓發掘中，得到漢代竹簡四千九百多枚，內有六韜、孫子兵法、孫臏兵法、尉繚子、管子、墨子等書，其中六韜等書，與傳世之今本大略相同。據其報告，臨沂縣銀雀山的兩座漢墓，係在西漢武帝初年（約在西元前一四〇年前後）所埋葬。（註一）由此可以證明六韜等書，在漢代初年已有定本，前述顏師古所言並不虛妄。我們現在正從事於整理我國古代文化典籍之際，對於太公姜尚所著六韜、三略和陰符經各書，加以整理和考證，藉以祛除讀者心理上一種真偽難分的迷惑，確是我們在復興中國文化運動中一項急要之事。

其次，太公姜尚所著的《六韜》、《三略》和《陰符經》三部書，一般人都稱它為「太公兵法」。但細按其內容，涉及政治、人民心理、以及經濟等項，範圍頗為廣泛，與孫武、吳起、孫臏等所著純軍事性的兵法頗不相同，此乃由於兩者所處的時代形勢有所不同之故。孫武、吳起、孫臏等所研究之戰爭，是兩個敵對國家間之純軍事性戰爭，而太公姜尚所研究之戰爭，乃是以西周蕞爾小國來推翻殷商王朝的革命戰爭。兩者形勢迥不相侔，所以指導戰爭的努力和方法，亦各不同，明白這個道理，則對於太公的著述，當有更確切的感覺和更深一層的瞭解。

太公的著述，距今已有三千一百六十餘年，其間有文字書法的變化，撰寫語言的變遷，並有漏誤錯簡諸端的謬誤。使讀者有難讀難解之處。但是讀者如果能夠體會其精神，領悟其要旨而加以靈活運用，則雖是數千年前的陳言，仍有助於今日之建功立業以有益於國家也。

一九七三年，中國文化復興運動委員會（現為中華文化總會）從事於我國古代典籍的整理。余奉命校譯《太公六韜》一書，於是竭其駑鈍，細心加以校訂與譯註，並詳考其寫作時代與當時文化之關係，以及作者著作之動機與時代背景等，以使古代賢豪智慧之光芒，得以重新照耀於今日。庶幾憑前賢寶貴之積聚，使後嗣者得有更大之創獲焉。怱促校譯，我們深以未能得到最近在山東省漢墓中出土之六韜竹簡以作核對，至為遺憾。此種願望，當俟諸異日。考證古代典籍，事屬專門學識。余不文，雖勉力為之，總不免魯魚亥豕之誤。深望海內賢達，加以指教，實不勝感幸。

一九七四年十二月　徐培根　謹序。

註一：見一九七四年七月十九日大陸廣播，略稱：「不久前，山東省臨沂銀雀山漢墓出土大批竹簡。銀雀山漢墓的時間，相當於西漢武帝初年，距離現在兩千一百年，在兩座墓中出土的竹簡，一共四千九百多枚。從初步整理的結果來看，包括六韜、孫子兵法、孫臏兵法、尉繚子、墨子、管子、晏子等大量秦漢以前古代書籍。其中孫臏兵法這本書，失傳已經一千七百多年，而這次發現的孫臏兵法的竹簡有四百四十多枚，字數在六千以上，孫子兵法等書，字句和今天傳世的本子略有不同，並且發現一些重要佚文。」

校譯要則

一、本書原文係採取一九三三年軍訓部陸軍編譯處影印鎮江柳詒徵氏盋山精舍所藏明萬曆刻武經七書直解本六韜篇為準據，另參考軍學編譯社齊廉氏校訂清康熙夏振翼氏纂輯武經大全六韜篇加以校對。其中有異同之處，則採用義能通解者為本文之字句。至本年在山東省臨沂縣銀雀山漢墓中所出土之六韜竹簡，據其廣播報告，字句與現行傳世本大略相同。我們深惜現時未能獲得此項原本，加以校對；此種願望，祇能俟諸異日。

二、六韜一書，係在殷商王朝末年紂王時代為周國一位史官所記錄，距今已三千一百六十餘年。譯者為使讀者易於明瞭太公姜尚講述本書之主旨、時代背景、以及當時文化狀況等，特考證古代文獻，寫成本書前編一二兩章，以為研讀本書之準備工作。至於六韜本文，則編為本書之本編。

三、太公在本書內所講述的關於政治經濟以及戰略戰術各項原理原則，都是千秋不磨萬古常新的真理，自為吾人所當服膺不忘，並須努力加以發揚光大。惟對於當時所用武器裝具、以及編制操法等，則因時代進步，多已廢棄不用。譯者為使讀者節省研讀精力起見，特將與此有關諸篇章從本文中移出，編為本書之後編備供參考。以使本編諸篇章全為精粹之文。

四、本編內六韜本文之註釋與譯解等，不採取一般所用之分段逐句註解之方法，而採用原文與譯文分開之方法，以使讀者可以一氣讀完原文或譯文，有全文循環回顧之便，無斷氣隔絕之虞。

五、本文內之註釋譯解之文字，係用現代之通俗文體，白話與文言並用，俾易於讀解。

六、本文內有些古字，現在多已用現代字代替，如軍隊列陳之陳字，現在已改用陣字；戒齊沐浴之齊字，現在已改用齋字。本書皆逕予改正，以免混淆。

七、移於後編各章，既無甚深義，故祇保留原文，不加註譯。

目次

第五篇　豹韜（軍事戰術學之一）

第六篇　犬韜（軍事戰術學之三）

後編　六韜文內與現代軍事無關之篇章

前編　古代典籍與太公著述的介紹

第一章　古代學術的流傳

第一節　生存技術與經驗的積累

文化為人類生存方法的積累，生存則賴戰鬥以維護。我國古書有句話說：「國於天地，必有與立。」這就是說，一個民族能夠生存於世界，它必須具備有生存的方法和戰鬥的技能。我們試想：原始人類生活在原始的洪荒世界裏，於緜長的數十萬年之歲月中，假使沒有具備生存方法和戰鬥技能，可能已為猛獸毒蛇所吞噬，或為其他民族所殺害，自然無法生存緜延到現代。由此可知生存於現代的各民族，其各具備有生存方法與戰鬥技能，乃是無可置疑之事。

前代經驗的積累，為古代學術的根源。至於所積累的經驗豐富或貧乏，則視其傳授方法的不同而有差異。大抵擁有文字的民族，因有所遺留的文字紀錄為準據，縱使多歷年代，仍能保持它原有的意義，累世相承而不變。至於沒有文字的民族，祇能靠著口頭傳授，則往往因年代久遠而致模糊與遺忘。所以有文字的民族，它的經驗積累，較之沒有文字的民族為多；文字發明較早的民族，也較文字發明較晚的民族為多，此乃為自然之理。

第二節　中國古代學術與經驗的傳授

我國歷史，可以向上追溯到五千餘年，應該歸功於黃帝時代（西元前二六九〇年代）倉頡的製造文字㈠。在此以前的上古時代，我國已有結繩記事和伏羲氏創造書契的記載㈡，但終因所代表的符號不多，不能作廣泛的使用。迨至倉頡製造文字，他以象形、會意、假借、指事、轉注、形聲六種方法造成文字，使能代表各種意義，因之文字的使用範圍擴大，遂以啟開了中國文化的黎明時代。

不過在那個時代裏，我們的文化還是處在石器與銅器混用的時代，文字書寫工具是用石刀與銅鑽；而初期所造成的文字結構複雜，書寫困難。因之當時所記入典冊的文字，祇能記載極簡略的主要事項和年月等，所以我們現在所保留下來的古代典籍，文字都是簡略難懂，此可於我國商周時代所遺留的彝器和鐘鼎上的銘文，以及商丘出土的甲骨文中可以見之。在此一時代裏，我國雖然已經有了文字，但因記載簡略難懂，所以典籍的詳細內容，還是要靠老一輩有研究的人加以口頭解釋，纔能瞭解它的真實意義。在此一時期，學術和經驗的傳授，我們可以稱之為文字紀錄和口頭傳授並用的時代，大概自倉頡創造文字之時起（西元前二六九〇年代），直到春秋時代（西元前七七〇年代）鐵器使用和書寫工具刀筆的發明之時止，約為一千九百餘年。我國古代有所謂「三墳、五典、八索、九丘」之說㈢。漢朝孔安國註解說：三墳五典，係記三皇五帝之事，八索係記伏羲氏的八卦，九丘係記九州的風物。此處所謂典與索：典係用繩索穿綑竹木簡使其成冊之意；索係在結繩時代伏羲氏解釋八卦的繩索符號。至於所謂墳與丘，乃是古代收藏典籍的地方。因為我國中原，黃河常有水災，收藏典籍必須選擇高丘陵阜之地開闢窟穴，並且還要用土掩蓋以防水火的侵襲。我們看殷朝的甲骨文，藏於商丘的墓壙中㊃；春秋戰國時代晉國和魏國的歷史紀錄《竹書紀年》藏於魏襄王的墓壙中㊄；而敦煌的石室，收藏漢代唐代的典籍甚多㊅。古人所謂「藏之名山，傳之千秋」，就是古代收藏典籍的方法。由此可以想見我國古代學術傳授的久遠，和其積累的深厚了。

春秋時代（西元前七七〇至西元前四〇三年）我國煉鋼術的發明和鐵器的普遍使用，給與中國文化開啟了一個新紀元。中國之有鐵器，究竟開始於那一個年代，歷史上沒有明確的記載。在現存的殷商和西周時代所遺留的古物中，以及在商丘和各地的考古發掘中，卻沒有找到一點可以證明有鐵製器物遺留的痕迹。殷墟甲骨文中關於金屬祇有錫字而沒有鐵字。《尚書・禹貢篇》裏雖有「厥貢璆鐵銀鏤砮磬」的記載㊆，但〈禹貢篇〉的寫定，據考證係在春秋末期，在那時鐵器已盛行於全國各地，所以不能作為春秋以前已有鐵器的佐證。至於在春秋時代，則有很多的關於使用鐵器之文字記載。《管子・小匡篇》有「美金以鑄戈、劍、矛、戟，試諸狗馬；惡金以鑄斤、斧、鉏、夷鋸、欘，試諸木土。」此處所稱的美金即為鋼，而惡金為鑄鐵。齊國當時並設有「鐵官」一種職位，以管理鐵器之生產與分配。《管子・海王篇》說：「今鐵官之數曰：一女必有一鍼、一刀，若其事立；耕者必有一耒、一耜、一銚，若其事立；行服連軺輂者，必有一斤、一鋸、一錐、一鑿，若其事立。不爾而成事者，天下無有。」《管子・地數篇》且說明鐵礦之偵察法：「山上有赭者，其下有鐵。」《墨子》書中也有許多關於鐵器的記載。它的〈備城門〉和〈備穴門〉兩篇中說：「門植關必環錮，以金若鐵鍱之；門關再重鍱以鐵。」「竈有鐵鐕，藉車必為鐵纂。防穴以鐵鎖懸穴口；穴為鐵鈇金與扶林，長四尺；為鐵鈎鉅，長四尺。」《荀子・議兵篇》說：「楚人宛鉅鐵鉇（矛），慘如蠭蠆。」《吳越春秋》書中有記載干將莫邪夫婦煉鋼製劍之事：「干將，吳人；莫邪，干將之妻也。干將作劍，莫邪斷髮剪爪投於爐中，金鐵乃濡，遂以成劍：陽曰干將，陰曰莫邪。」由此可知在春秋時代鐵器已普遍使用，而煉鋼技術也已有相當的進步。我們看到殷商和西周時代中，對青銅器的冶煉已達到了高度的精緻，則於後來的三四百年之春秋時代，進而冶煉鋼鐵以製造鐵器，自為可能之事。

鐵器的使用，因而促進春秋時代社會經濟的繁榮。在農業方面，因鐵裝耒耜鋤耰犁耙的使用，農民可以施行深耕，糧食的生產大為增加。在工業方面，因鐵製刀鋸斧鑿的使用，使工業品益為精緻堅固，而生產量也因此增高。在交通方面，車輛因使用鋼鐵工具來製造，較之使用青銅器工具製造的車輛堅固耐用，運輸能力增進而使貿易大為發達。社會經濟繁榮，自然使人民生活豐裕。人民生活豐裕，人人乃有餘暇的時間以追求知識，此在石器或銅器時代人民終日胼手胝足以謀求溫飽的狀況下是難以做到的。

在另一方面，中原在夏禹時代有一萬餘國㈧，至商湯時代有三千餘國，武王滅殷，封一千二百餘國㈨，至春秋初期，在史冊中有記載的尚有一百六十餘國。及至春秋末期，祇剩下燕齊中山晉魯衞宋鄭陳蔡秦楚吳越等十餘國，其餘的都被強國兼併而滅亡了㈩。在這些被滅的國家中，有許多其先世在過去的時代裏，對社會民族曾建有赫弈的功勳和甚大的貢獻，如伏羲神農黃帝堯舜禹湯的後裔所建之國等。此等國家雖已滅亡，但其族中的長老遺民，常保有其祖先所遺留的遺物，文字紀錄以及口頭傳授等。前面所述的所謂三墳五典八索九丘，大部分都是靠此等人物所保存下來的。春秋時代既已使用鐵器而使社會經濟繁榮，人民有餘暇時間來尋求知識，則尋訪此等人物作為老師以教育其子弟，乃極為自然之事。我們看在此一時代裏，孔子有門徒三千人㈡，而法家管仲李悝、道家老聃莊周、墨家墨翟禽滑厘、兵學家孫武吳起、醫學家和緩扁鵲、工程家魯班、音樂家師摯師曠等，個個都有他們甚多的門徒，就是這個道理。此諸位老師，大部都是貴族名門的後裔，積有豐富的家學淵源和祕傳，所以能以專門的學術教授其學生。又此諸位老師，都是當時聰明絕頂的人物。他們不僅能謹守其家傳祕傳而加以光大，還能遍讀各地舊藏的典籍加以融會貫通，創立了一家一宗派的言論，蔚然成為一家一宗派的導師。

促進春秋時代文化和學術的發皇，其另一重要因素，為文字書寫工具「刀筆」的發明。筆的古字為聿㈢，乃是以手執筆而書寫的象形文字。在銅器時代，筆的尖鋒是用青銅製成，其形狀像尖銳的鑽子，用它的尖鋒刻寫文字於版上。現在我們所看到的殷墟甲骨文，都是用此種鑽筆所刻寫的，所以筆畫都非常瘦硬。到了春秋時代鋼鐵既已發明，乃有以鋼鐵製成尖鋒的刀筆出現。刀筆一名詞，辭源裏解釋說：「古簡牘用竹木，以刀為筆，故曰刀筆。」大抵在古代的官署中，常設有所謂「刀筆吏」以專司刻寫簡牘之事。戰國策裏有趙國守相司空馬對趙悼襄王說：「臣少為秦刀筆。」而漢代開國功臣蕭何，也曾做過秦朝縣府的刀筆吏㊂。

文字既用尖銳的刀筆來書寫，書寫工作極為便利而快速。前面所述的諸位老師、學人、以及他們的學生們，為了研究學問，得到這樣新的書寫工具，真是得到了前代所沒有的幸福和便利。他們於是：有的由老師口述而由學生筆記寫作以成書；有的為整理舊存的典籍和各種口頭傳授的資料，加以鑒審而寫定，使古籍成為一種有系統有組織足以供後人徵信的典籍；有的因為這些學人們博讀了許多古代典籍和觀察了千餘年來的世事變化，領悟了古今興衰存亡和盈虛消長的道理，因而發見了哲理、治道、倫理和民生各項原理原則，撰寫了許多有體系的著作以供讀者。孔子所作的《論語》，孟軻所作的《孟子》，管仲所作的《管子》，孫武所作的《孫子》，吳起所作的《吳子》等，書裏篇首冠以「某子曰」的，都是由他們的學生記錄所寫成的，屬於第一類。孔子所刪定的詩、書、禮、易傳和春秋，諸子對於古代人物事蹟或著述的寫定，如三皇五帝的記載，《國語》、《左氏傳》，以及太公的《六韜》、《三略》，醫學的《黃帝內經素問》等，屬於第二類。老聃所作的《老子》，莊周所作的《莊子》，墨翟所作的《墨子》等，都是具有作者自己的思想和完整的體系，屬於第三類。以後到了戰國時代（西元前四〇三年至西元前二二一年），因為列國的國君，都為謀求富國強兵而招納天下賢士。於是處在草茅田野的才智之士，個個都搜求古代典籍，著書立說以求有所建樹，遂以造成諸子百家，眾論齊鳴，成為我國文化早期的黃金時代。後漢班固所著的《漢書・藝文志》，敘述漢代所蒐集的書籍共為三十八種，其中除小說家和詩賦家外，計與學術有關著述共為三十二種，四百七十九家，一萬零四百七十九篇。我們發見其中二百六十七家，五千三百零一篇，係屬於春秋戰國時代所寫成。而此諸家的著述，個個都卓然不羣，有獨立創造的見解，的確可稱為空前的盛況了。

由於以上所述，可知我們現在所看到的許多春秋以前的古代典籍，都不是當時的原始紀錄，而是由春秋戰國時代學人們，根據古代所遺留的簡略典冊和前代口傳資料所寫成。我們就《尚書》一書而論，它是大家一致所公認的一部古書。但是在〈堯典篇〉第一句「曰若稽古帝堯」，在這裏加上「稽古」二字，是表示作者追溯前人事功的意思，可見此書不是帝堯時代的原始紀錄，而是由刪定詩書的孔子所寫成。像《尚書》那樣的古書，尚且是在春秋時代所寫定，其他的古書，自然也無法擺脫此種事實而有例外。

其次，那些整理古代典籍的學人，當其寫定古籍之時，自然是力求忠實於史事以供後人的徵信。但當其選擇資料之際，自不免夾雜有其個人的思想和主見。譬如《尚書・堯典篇》裏有「……允恭克讓，光被四表，格於上下、克明俊德，以親九族、九族既睦，平章百姓、百姓昭明，協和萬邦」一段話，這是在《竹書紀年》裏是沒有這樣的記載。我們細考這段話的意思，是和孔子「正心、修身、齊家、治國、平天下」的思想是相同的。在這裏究竟是孔子根據古代史料所寫？抑或是孔子以其自己的思想來推演帝堯的治道而寫呢？這是很難加以考證確定的。因此在那些學人們所整理過的古代典籍裏，或者夾雜有他們自己的思想在內，或者使用了他們當時所習用的語言文字等，那是很難避免的事。但是有些人，因為不明瞭古代寫書的情形，在古代典籍裏發見有上述各種可疑之處，就貿然認為它是後人的偽作而加以蔑視，這就近於吹毛求疵之見，因噎而廢食了。

以上為我國古代學術和經驗傳授的概略，而兵學的傳授即為其中之一項。所以上述各點，也可為我們研究太公兵法之一助。

第三節　中國古代兵學的傳授

一個民族為生存所採取的自衞方法和戰鬥技術，若將其上世的經驗積累為典籍，則成為兵學典籍。我國民族定居於中國北部黃河的兩岸，歷史甚為古遠，據傳說上所記，概已有數十萬年之久㈣。但在此同一區域內，同樣也有其他民族雜居其間：在北方及東北有狄族；北方及西北有戎族；西北有羌族；東方有夷族；南方有苗族、黎族和荊蠻；東南方有越族等。在悠長的宇宙歲月中，這些混處於同一地區的各民族之間，以及各民族內部各氏族之間，自然時常會發生互相衝突或戰爭之事。《易經・繫辭》裏說：「古者庖犧氏之王天下也，弦木為弧，剡木為矢，弧矢之利，以威天下。……重門擊析，以待暴客。」《尚書》載箕子陳洪範八政（八項施政），八曰師（軍事施政）。可見我民族的先世聖賢，早已注重戰鬥用的兵器，攻防警戒的戰鬥技術，和出師用兵的行政設施。史稱黃帝修德振兵，常以師兵為營衞，與炎帝戰於阪泉，擒殺蚩尤（九黎族之長）於涿鹿之野（今河北省涿縣），北逐獯粥（戎族），南平苗蠻。在堯舜的時代裏，南方的苗族頻頻內侵，帝堯迭次用兵征討；舜且死於征苗戰爭的道途中，史有舜崩於蒼梧（今湖南省零陵縣）的記載㈤。在夏商的兩代中，夏禹迭次征苗，商代有武丁伐土方（狄族）和鬼方（戎族）之戰，歷時四年（西元前一二九六年至西元前一二九三年），為商代抵禦戎狄內侵重要之戰爭㈥。周代初興，則有武王伐殷牧野之戰（西元前一一二二年），隨後有東征、伐奄、伐玁狁（戎族）、伐徐、伐楚之戰。到了幽王時代，犬戎內侵竟將西周滅亡（西元前七七一年）。平王東遷雒邑，入於東周時代。其時王室的威權衰落，荊楚北侵，戎狄南移，中原形勢，岌岌可危，於是乃有齊桓晉文尊王攘夷之戰爭，隨後有晉楚齊秦爭霸之戰爭。到了戰國時代，七國並立，大小戰爭，更是不計其數。由於以上的戰爭紀錄，可知我民族是在無計數的戰爭中生存下來的，也是經過無記數的戰爭鍛鍊茁壯長大起來的，因此也得到了無計數的戰爭經驗和它的積累。

班固所著《漢書・藝文志》，敘述兵家所著的典籍部分說：「漢興張良韓信，序次兵法凡百八十二家。刪取要用，定著三十五家。諸呂用事而盜取之。武帝時軍政楊僕，捃摭遺逸，紀奏兵錄，猶未能備。至於孝成（漢成帝），命任宏論次兵書為四種（兵權謀、兵形勢、兵陰陽、兵技巧），共為五十三家，七百八十三篇，圖四十六卷。」我們細考其中除漢代著述外，屬於春秋戰國時代之著述共為四十二家，六百三十八篇，圖四十六卷。但班固將《司馬法》列入禮家；將《荀子・議兵篇》、《周史・六韜篇》列入儒家；將伊尹、太公權謀言兵、管子、鶡冠子、黃帝君臣、力牧各篇列入道家；將《商君書》列入法家；將伍子胥、子晚子（齊人，好論兵）、尉繚子各篇列入雜家；將蘇秦、張儀、龐煖（燕將）各篇列入縱橫家。這些列入他家的書籍，其內容都與軍事有關，若將其加入兵家，則共為五十八家，一千三百五十一篇，圖四十六卷，足可見春秋戰國時代所著的兵學典籍數量之多。

我國古代兵學的傳授，和其他學術的傳授，方法不同。其他學術可以廣收學生，公開講授；而高深兵學的傳授，卻是祇收少數素質極高的學生祕密加以傳授；而且若是得不到適當的人，寧可祕而不傳。因為兵凶戰危，如果傳授不得其人，小則可以造成變亂，為害於國家，大則可以傾國覆軍，陷民族於危亡，是由於高深的用兵學，含有權變詭譎之謀，隱微變化之方，所謂帷燈匣劍，祕密不使人知，因此可以出奇制勝，克敵奏功。老子說：「魚不可脫於淵，國之利器不可以示人。」高深用兵學，乃是國家克制敵人的利器，端然不可以輕率示人。從前漢代初年，呂后欲與諸呂族為亂（西元前一八八年），他們先使人盜取王室祕府所藏的兵法，想藉此作為用兵的準繩(一七)。唐代太宗李世民（在位西元六二七年至六四九年），曾命李靖傳授侯君集兵法，李靖祇教他將帥一般用兵的方法。侯君集認為李靖隱匿了高深的用兵學不教，因之向唐太宗告密，說：「李靖不傳授他隱微的高深用兵學，將來他可能會造反。」唐太宗乃責問李靖。李靖對說：「方今中國國內已太平無事，我之授給君集的，使他學了足以制服四境異民族，為國家安寧而建立功業。君集想要學高深的用兵學，乃是他自己要想造反耳。」以後侯君集因貪黷罪失職，心中怏怏不平，最後與廢太子承乾密謀作亂，事機敗露，終於以叛亂罪被判死刑和滅族(一八)。古代兵學家所以不輕易傳授高深用兵學於別人，就是這個道理。李靖終於沒有將他的高深隱微的用兵學傳給別人，而祇是留下了與唐太宗問答的兵學鱗爪，記錄下來成為《唐太宗李衞公問對》一部書。漢代張良將死時，他深恐《黃石公三略》一書流傳人間，為害於國家，乃遺言將此書藏於棺中而葬[九]。所以中國的古代兵學，常因天下太平，或是不得其人而不傳授，以至於失傳。又古代的高級將領或統帥，通常不將他所運用的韜略告知別人，以免為敵人所偵知而失去其效用。太公姜尚說：「鷙鳥將擊，卑飛斂翼，猛獸將搏，弭耳俯伏，聖有將動，必有愚色。」[二〇]這就是說兵機以祕密為主。所以古代將帥多不自己著書，而其所遺留下來的奇謀妙計，密策祕籌，大部分都是由他們的幕僚所寫成。譬如善於用兵的如德國菲得力大王（Friedrich II der Gr. 1712-1780）和法國拿破崙（Bonaparte Napoleon I，1769-1821），他們的戰略理論，都是由克勞色維慈（Clausewitz 1780-1831）和約米尼（Jomini 1779-1869）等人依據他們的戰史所寫出。而我國太公的《六韜》、《三略》等書，也是由他的記言記事的史官記錄而成。《漢書・藝文志》裏載有春秋以前的許多古代兵學典籍，這些書原來都是祕藏在王朝的祕府裏不為外人所知曉，一直到了周幽王時代犬戎攻周，焚燒鎬京（係西周首都在今陝西省長安縣西南），官員奔散，纔零星流散於民間。到了戰國時代，各國諸侯都力求富國強兵，軍事學術，始為各方所重視而加以研究。所以到了漢代有如許多的兵學書籍出現於當時。以上為古代兵學流傳的概略，而太公《六韜》、《三略》諸書，也是這樣流傳下來的。

第二章　太公著述的研究

第一節　太公所處的時代

太公姓姜名尚，字子牙，其先世在堯舜時代裏曾做過四嶽之官，封於呂，其子孫乃以呂為姓，因此姜尚亦叫做呂尚或呂牙㊁。太公生於殷商王朝的末紀，其生年月日無記載；其死，據《史記》稱太公之卒百有餘歲。據《古本竹書紀年》載：「周康王六年（西元前一〇七三年）齊太公望卒。」㊂又據《尉繚子．武議篇》所載：「太公望年七十，屠牛朝歌（殷朝王都，今河南省淇縣），賣食盟津（即孟津今河南省孟津河北），過七十餘而主不聽，人人謂之狂夫也。及遇文王（周國國君，姓姬名昌，文王係後人追尊的謚號），則提三萬之眾，一戰而定天下。」㊂今假定太公之遇文王為七十二三歲，是年為殷紂王之十五年（西元前一一四〇年）則其出生約在殷王庚丁之六或七年（西元前一二一二年）。史記書上稱太公早歲曾在殷室王朝做官，其時殷室王朝的君主為帝武乙、帝太丁、帝乙，都是碌碌無能之君。一直到了紂王即位（西元前一一五四年），其時太公已是五十七八歲的壯年了。以太公的才幹和熱誠，在當時想已做到相當高的職位。紂王是一位予智自雄、剛愎自用的君主。他所施行的暴政，自然為太公所反對。尉繚子稱諫其主而不聽；孟子稱太公避紂於東海之濱，足見太公曾對紂王作直言的規諫，而為紂王所痛恨。太公因此脫離殷室王朝，逃居於東海之濱。最近學人劉震慰撰著〈虞山奇觀〉一文，引江蘇省常熟縣縣志說太公曾經營耕釣生活於常熟縣城西側的尚湖湖畔，尚湖即因太公居留而得名㉔。想當時周文王的大伯父泰伯居於江南的梅里（今江蘇省無錫縣東南梅里鄉）自稱勾吳國，二伯父仲雍居於虞山（今江蘇省常熟縣），兩人都為當地人民所愛戴㉕。太公逃離中原，來此相依，當為可能之事。但其時泰伯仲雍均已死亡，其後嗣多無傑出之才，而太公悲天憫人之壯懷，未能自已，因此重又回到中原以觀察形勢。這就是尉繚子所說太公望年七十屠牛朝歌賣食孟津，人人譏為狂夫的時候了。太公目見當時紂王的暴政，較前更甚，人民的痛苦也更益加深，而走遍天下諸侯，卻找不到有任何解救之方，於是乃以垂老之年，西奔西岐與周文王相見，其時正是文王從羑里之囚釋放而歸，想有所作為的時候。孟子稱太公與伯夷，為天下之二大老人，足見太公在中原聲望的隆高。而文王一見了太公，就說「吾太公望子久矣！」傾談之間，遂拜以為師，稱為太公望，相與謀議傾覆商政以解救人民疾苦之事㉖。以上為太公壯年時代在中原之活動情形，以及西入西岐之概略。

至於當時全國的形勢：殷商王朝，自成湯開國（西元前一七六六年）以來，統治中國已六百餘年。《孟子》書裏對殷商王朝之政治情形有以下的敘述：「由湯至於武丁（即殷高宗，在位自西元前一三二四年至西元前一二六六年），賢聖之君六七作，天下歸殷久矣！久則難變也。武丁朝諸侯，有天下，猶運之掌也。紂之去武丁未久也，其故家、遺俗、流風、善政，猶有存者；又有微子、微仲、王子比干、箕子、膠鬲，皆賢人也，相與輔相之。」㉗此為殷商王朝統治中國六百餘年之全般情形，以及紂王即位初期之賢臣良相。不過到了紂王掌政以後，紂王是一個聰明自肆之人，史稱其「資辨捷疾，聞見甚敏，膂力過人，手格猛獸，智足以拒諫，言足以飾非，矜人臣以能，高天下以聲，以為皆出己之下。好酒淫樂，嬖於婦人，寵愛妲己，惟其言是從，於是使師涓作新淫聲，北里之舞，靡靡之樂。又厚加賦稅，以實鹿臺（紂王王宮）之財，盈鉅橋之粟。作酒池肉林，使男女倮（赤身露體）相逐其間，為長夜之飲。又作重辟（大辟之刑）與炮烙之刑，殺九侯鄂侯，囚西伯姬昌（即文王）於羑里（今河南省湯陰縣北）。……」㉘總之，紂王乃是予智自雄、剛愎自用、恣意淫樂、任性殺戮的一代暴君。他又罷斥許多老成賢臣而任用小人費仲惡來等，肆意殺虐，因之形成人民怨苦、內外叛離的現象，人人都想傾覆他而甘心。不過由於像孟子所說的殷室王朝國基的雄厚，當然不是像散沙似的一般人民所能推翻得倒的。

具有豪邁義俠氣質和懷有濟世安民抱負的太公姜尚，他目覩當時朝政酷虐殘暴，斯民憔悴困頓，在中原奔走數十年無所成就，今日與文王作傾心之談，所以他一見面就以釣魚的道理，勸他以自己的國家為犧牲來取天下，以解救人民的痛苦，真可說是士逢知己，直抒胸臆了。不過當時的周國，乃是處於戎狄邊區一個蕞爾小國，地方不過百里，人口祇有十餘萬人㉙。周之先世后稷，在堯舜時代曾為農師之官，教導人民播種百穀，封于邰（今陝西省武功縣）。至夏朝太康時代（西元前二一八八年），后稷的後人不窋，因不務農業而失官，西奔戎狄。其後嗣生活於戎狄之間歷千年而至文王㉚，所以孟子稱文王為「西夷之人」㉛。周國到了文王時代，還是如前面所述的那樣一個小國，文王就是這一小國的國君。殷室王朝雖然封文王為西伯，那不過是加他一個西部諸侯首長的名義，授給他有征討此一地區叛亂之權而已。太公與文王，要想以這樣的西周小國，起來傾覆殷室王朝，掃除暴政以解救人民，這是何等艱難之事，所以孟子說：「殷朝之王天下，尺地莫非其有也，一民莫非其臣也，然而文王猶（即由字）方百里起，是以難也。」㈢

我們就以上的全般情勢作一綜合觀察，就可發見太公與文王要想推翻殷室王朝，掃除暴政，乃是一種革命運動，而不是一般性的軍事戰爭。一般性的軍事戰爭，多是起於兩個國家間軍隊之行動，其勝敗祇是講求軍事戰略之運用即可。至於革命行動之戰爭，其起因多是由於國內之政治，因之必須講求特殊的革命戰略。

第二節　太公的革命戰略與六韜

前節已述明太公與文王想要以周國的力量為基礎來推翻殷商王朝，革除殷紂暴政以解救人民，乃是一種革命的行動。革命行動，與一般性的軍事戰爭迥不相同。一般性的軍事戰爭，是兩個交戰國家間敵對行動，其範圍多局限於兩方的軍事方面。至於革命，乃是由於國內政治腐敗所引起。通常是由於少數的革命的志士仁人，憤王朝之暴政，憫人民之疾苦，諫阻無效起而作一種反抗的行動。其情勢與兩國交戰的情勢完全不同。我們現在就前節所述殷紂虐政和西周革命的情形再略為概述：紂王肆行淫虐，厚加賦稅以實鹿臺之財，積鉅橋之粟；作酒池肉林以供淫樂；作炮烙之刑以罰罪囚。他納九侯之女，因女不喜淫蕩而殺之，並用鼎鑊烹醢九侯。鄂侯起而諫之，紂王殺鄂侯而以其肉為脯。文王聞而嗟嘆，紂王將其囚禁於羑里之城。文王之臣閎夭等呈獻美女寶物與良馬，文王始得釋放回國㉝。殷臣辛甲對紂王曾作七十五次之進諫，紂王不惟不聽，反重加責難，辛甲遂逃而歸周㉞。太公姜尚，數諫不聽，因而逃往東海之濱㉟。由此可見文王太公辛甲等，他們密謀以推翻殷商王朝，並非有意犯上作亂，實為諫諍無效，別無挽救之方，祇有起而革命，以求掃除暴政，這實在是志士仁人苦心焦思之所作為，誠為不得已之舉。我們由此可知一個革命之初起，總是由於少數人士之領導，據彈丸之地與寡少之眾以為基點。其與當時王朝勢力強弱之不相侔，無異以一敵百，以一敵千。因此指導革命戰爭之進行，不能依一般性的軍事原則為準據，而須採用一種特別的革命戰略，始能期望其成功。又革命是在王朝勢力下進行的。在王朝勢力下進行革命，隨時都有九侯之醢、鄂侯之脯、羑里之囚的危險，因之行動更須特加慎密。太公說：「鷙鳥將擊，卑飛斂翼；猛獸將搏，弭耳俯伏；聖有將動，必有愚色。」㊱這正是所謂孤臣孽子操心危慮患深的時候，不可以常情常理相論也。我們現在細讀太公兵法各書，其中《六韜》一書，正是太公與文王武王（文王之子名發，文王死後繼為西周國君與西伯之職）前後祕密討論傾覆商政的革命謀劃之談話紀錄，其中包括革命之戰略戰術，鉅細靡遺，而尤注重於武器與戰法之創新，以求出敵不意而戰勝敵人，於此可以想見太公當時謀慮之深遠。

革命既是以彈丸之地與寡少之眾為基礎，其成敗端視其所採用的革命戰略是否完密以為斷。所謂完密的革命戰略，自然是要經緯萬端，策籌千方。但扼要言之，則須具備以下的各點：

一、爭取全國人民的心理之歸向，則可得到全國人民衷心之支持。即孟子所謂「得其民，得其心，斯得天下矣」之意。

二、培養自己的革命力量，則可支持艱苦的革命戰爭。

三、爭取各方的同情，則可與各方聯合作戰以擴大革命的勢力。

四、分散敵人的力量，與誘使敵人驕傲自肆和狂妄自大。前者可使敵我的強弱形勢互相轉換；後者可使敵人的戒備鬆懈，則我可收出奇制勝之功。

五、在軍事方面，要研求以寡擊眾的軍事戰略，以擊破敵人的優勢暴力。

六、革命戰爭，尤要在嚴守祕密，以免在革命力量未壯大以前，為敵人所早期發覺而被其擊滅。

以上為革命戰爭戰略的要點。前四項為在革命戰爭發動以前對內對外對友對敵的準備工作；第五項為革命戰爭的實行工作；第六項為一般應守之原則。我們細讀太公《六韜》一書的思想內容和它的策劃程序，都是和這種原則相脗合的。書中〈文韜〉一篇，為前述革命戰略之一二兩項。第一項爭取人民心理之歸向，為革命戰爭中最為重要之戰略。篇中〈文師〉、〈盈虛〉、〈國務〉、〈大禮〉、〈明傳〉五章，都是為收攬人心而立言。〈文師〉立斂一段：「文王問：立斂若何，而天下歸之？太公曰：天下非一人之天下，乃天下之天下也。同天下之利者則得天下；擅天下之利者則失天下。天有時，地有財，能與人共之者，仁也。仁之所在，天下歸之。與人同憂、同樂、同好、同惡，義也。義之所在，天下赴之。凡人惡死而樂生，好德而歸利，能生利者道也。道之所在，天下歸之。」此為收攬人心之主旨，而其施諸行政，則賴君臣上下共同的努力。盈虛一章，是言君主須勤儉自律，率先躬行。國務一章，是言君主要以愛民為先。大禮一章，是言君主要在親民，臣下要在於無隱。而明傳一章，乃是文王在病中命太公給示太子發之箴言，其意是言君主持躬，必須時時警惕於「義勝欲則昌，欲勝義則亡；敬勝怠則吉，怠勝敬則滅。」

其次為培養革命實力。文韜篇中六守、守土、守國三章，即為培養國力而立言。六守章以仁義忠信勇謀六守為教民的要旨，發展農業工業商業三寶為富民之要旨。守土一章，是言團結人民，首在富民。不富無以為仁，不施無以合親。疏其親則害，失其眾則敗。至於守國一章，則言君主的施政，必須循天道以行，順四時以生。順天道則人民樂利而生活；順四時則萬物生長而富足。

革命以延攬人才為首要，而上賢、舉賢、賞罰三章為晉用賢才之要點。上賢是言人才之鑑核，舉賢是言人才之晉用，賞罰是言人才的獎懲和黜陟。

〈武韜篇〉為革命戰略中之三四兩項，即為對友對敵的準備事項。篇中發啟章為對敵戰略之總綱領。其內容分為以下之五段：首為揭示戰爭的目標；次為探討敵情；三為革命戰爭須以智謀取勝，使「全勝不鬥，大兵無創」，亦即以後孫子所說的「不戰而屈人之兵」之意，其方法在運用「天下皆有分肉之心」，使各方並起而響應，組成聯合戰線而戰鬥，則革命勢力因之而擴大；五為嚴守祕密，以免為敵人所偵知。文啟章是言對友邦之合作，須「因其政教，順其民俗」。蓋夏殷時代為氏族社會，成湯開國，封三千餘國。此三千餘國，各有其不同的歷史和習俗。現在和他們聯合作戰，不可干涉其內政，則大家必樂於從命。所謂「聖人故靜之。羣曲化直，變於形容」，就是順從各氏族國家的風俗習慣，而領導其趨向共同目標以作戰之意。順啟一章，是說做天下領袖的人，要有以天下為公的胸襟和容納萬物的度量，纔能領導羣倫，成就偉大的事業。太公說：「大蓋天下，然後能容天下；信蓋天下，然後能約天下；仁蓋天下，然後能懷天下；恩蓋天下，然後能保天下。」㊲文王武王確能遵從太公的指教，聯合諸侯以克商；武王於克商有天下之後，分封諸侯一千二百餘國，使原來的各氏族國家，都能保有其原來的基業治理其氏族，實受了太公教誨的影響。以後太公的治理齊國，也是本著此種要旨，史稱其：「因其俗，簡其禮，通商工之業，便魚鹽之利，而人民多歸之，齊遂為大國。」㊳也就是太公無為而治，以領導羣倫的實際績效。

〈武韜篇〉的文伐與三疑兩章，為革命戰略中的第四項，即為對敵人的謀略，具有高度機巧權變的內容。不過這兩章，一直為不諳軍事的一班宋明理學之士所詬病。他們認為文王、武王和太公都是聖人，絕不會做出這樣的機巧權變之事，因此懷疑《六韜》一書是戰國時代的策士們所偽作。不知太公和文王武王，乃是具有熱血的革命志士，不是規行矩步具有冬烘頭腦的道學先生。他們革命的目的是要推翻殷紂的暴政以解救人民，自己的性命尚且可以犧牲，而況對於敵人。對敵人的仁慈，就是對自己的殘酷，這是革命的人所嘗服膺的格言。而況施行謀略以促使敵人早日崩潰，則可縮短戰爭時間而使人民減少流離塗炭之苦，正是志士仁人不得已之所作為，我們切不可用宋襄公那種「不鼓不成列，不擒二毛」的婦人之仁的眼光來加以論評的。《司馬法·仁本篇》說：「古者以仁為本，以義治之之謂正。正不獲意則用權，是故殺人安人，殺之可也。攻其國，安其民，攻之可也。」這就是說治理國家，是以仁愛為本，以義治之，是為正道。用正道而不能達成時，則用權變。所以如果殺一人可以使人民安樂，則殺之可也。攻其國而可以使其人民安樂，則攻其國可也。所以以解救人民疾苦為職志的革命人士，他們是不諱言使用權變和謀略的。觀於太公和武王，他們於克商革命完成之後，即刻施行釋無辜之囚，散鹿臺之財，發鉅橋之粟，以救濟人民的仁政，使人民實受其惠。那麼在革命行動之前施行權變與謀略，以促使殷紂王朝之迅速崩潰，又何損於太公文王武王之為聖人呢。

〈武韜篇〉文伐與三疑兩章，內容多有相同之處，而詳略稍異。此乃由於兩次談話時間的不同，一次是對文王，而另一次則對武王而談。史官將兩次紀錄並存而加以保管，正可證明六韜一書確係當時的談話紀錄所寫成，不是後人所偽造。由於太公之頻頻提出謀略問題來討論，我們就可知道使用權變和謀略，對於當時傾商革命的重要性。

以上論〈文韜〉、〈武韜〉兩篇，是前述革命戰略的前四項，是革命行動前的準備工作。而後面的〈龍〉〈虎〉〈豹〉〈犬〉四篇，乃是革命戰略的第五項，即為革命戰爭的軍事原則。革命戰爭之能否成功，端視在革命戰爭中能否將敵人的武力擊敗獲得軍事的勝利而定。如果革命武力不能將敵人的武力擊敗，則一切努力均屬徒勞。所以革命的各種準備工作固屬緊要，而軍事戰爭之勝敗，尤為革命成敗所關的最為重要之事。我們由此可知革命之進行，雖屬頭緒萬端，而要以尋求軍事勝利為其最高策劃的重心。

其次，革命戰爭的戰略戰術，和一般性的軍事戰略戰術，都是屬於軍事性的原則，所以並無重大的差別。因此，六韜書中之〈龍〉〈虎〉〈豹〉〈犬〉四篇，大致是和一般性的戰略戰術原則相同的。也就因此之故，一般人都認為六韜是一種普通軍事典籍，和孫武吳起之書作等量齊觀。其實孫吳之書，不過是普通將帥用兵之學，而六韜乃是革命領袖創國之學，即古代所謂帝王之學。我們看太公所說：「大蓋天下然後能容天下；信蓋天下然後能約天下；仁蓋天下然後能懷天下；恩蓋天下然後能保天下；權蓋天下然後能不失天下；事而不疑，則天運不能移，時變不能遷。此六者備，然後可以為天下政。」此種聯合諸侯而統治萬國的規模，的確不是孫武吳起之書所能比擬得上的。

革命戰爭的戰略戰術和一般性軍事戰略戰術相比，其最不相同的地方，就是革命戰爭的戰略是特別要求以寡敵眾、以弱擊強的戰略。因為革命力量多是起於彈丸之地，寡少之眾，要與強大的王朝勢力相抗衡，而革命的成敗，決於軍事戰爭之勝敗。譬如周國與殷商王朝之戰，周國的兵力祇有四萬五千人，而殷紂可以徵集諸侯之兵數十萬至百萬之眾，以如此眾寡懸殊的形勢，假使沒有新的戰略和新的武器突然出現於戰場，這是很難成功的。所以對於新戰略和新武器的研求，乃為太公與文王武王所日夜苦心焦慮之事。自然紂王之兵既如此眾多，自必布成橫廣正面的橫陣以包圍敵人。太公要以寡少的周兵擊破紂兵，若採取與紂兵同樣的舊式橫陣，則因眾寡懸殊，勢必被優勢的紂兵包圍而被擊敗。太公於是創出一種新的「一」字戰法。所謂一者，乃是統一兵力使用於一點之意，簡言之，即是「一點突破」的戰略。原來舊式橫陣的部署，是將全部兵力平均分布於橫陣的正面上，則其陣線上之各部分，當然沒有甚多的兵力。我方若以我之全力佈成前後重疊的縱深隊形攻擊其一點，則在此一點上敵我兵力之對比，就形成我眾敵寡的形勢。這就是所謂「局部優勢的造成」，而為我突破敵陣的好機會。以後孫子就以此種思想寫成〈虛實篇〉說：「形人而我無形，則我專而敵分。我專為一，敵分為十，是以十攻其一也，則我眾敵寡。能以眾擊寡，則吾以所與戰者約矣。」這裏所謂形人而我無形，就是說使敵人擺出一定形態的陣形，而我則不擺一定形態的陣形而統一靈活使用的意思。以上為突破戰略部署的要領。其次，在戰場上的情況是瞬息萬變的，我方若採取此種突破的戰略，必須以迅速的行動與猛烈的進攻始能成功。所以在《六韜》書中武王屢次提出敵強我弱的問題，太公總是以此為對。現在我們在《六韜》書中，就可發見太公的進攻要則，可簡括為「一」、「活」、「疾」、「烈」四項，細述之則如下：

一，為統一、齊一、專一之意。統一則兵力不分散；齊一則可發揮全體的戰力；專一則兵力集中專向一個目標。太公說：「凡兵之道，莫過於一。一者能獨往獨來。」㊴

活，為活潑與靈活運用之意。太公說：「見其虛則進，見其實則止。」又說：「見利不失，遇時不疑。失利後時，反受其殃。故智者從之而不失；巧者一決而不猶豫。」㊵

疾，為迅速之意。

烈，為猛烈之意。太公說：「是以疾雷不及掩耳，迅電不及瞑目。赴之若驚，用之若狂；當之者破，近之者亡，孰能禦之。」㊶

太公新創此種一點突破戰略，是用一、活、疾、烈四項要領而實施，但其最要，則在窺察戰機與把握戰機的「活」字。因此太公又提出「十四變」和「八勝」以為窺察戰機之準則。太公所提十四變：「敵人新集（尚未布陣之意）可擊，人馬未食可擊，天時不順可擊，地形未得可擊，奔赴可擊，不戒可擊，疲勞可擊，將離士卒可擊，涉長路可擊，濟水可擊，不暇可擊，阻難狹路可擊，亂行可擊，心怖可擊。」[四]至於八勝：「敵之前後，行陣未定，即陷（突入之意）之；旌旗擾亂，人馬數動，即陷之；士卒或前或後，或左或右，即陷之；陳不堅固，士卒前後相顧，即陷之；前往而疑，後恐而怯，即陷之；三軍卒驚，皆薄而起，即陷之；戰於易（平易之意）地，暮不能解，即陷之；遠行而暮舍（宿營之意），三軍恐懼，即陷之。」[五]以後牧野之戰（武王伐紂之戰），太公即是掌握十四變之首項與八勝之首項，即乘敵人之新集，尚未佈陣成列之際，加以攻擊而獲得勝利。

以一點突破的戰略來攻擊橫廣正面的橫陣，自為以寡擊眾最為良好之戰略。但其成功與否，則視能否突破敵之陣線而定。因為採取橫廣正面的橫陣，就是所謂「長蛇陣」，如果不能將其中間突破，截為兩段，則其首尾相應的包圍，可將攻擊者殲滅於其中。前面已述及要衝破敵陣，必須要疾與烈，就是要加強衝擊的速度和殺傷力。在古代的戰場，兩軍的陣線相距約有一二華里之遙，此時如憑人力奔跑，其速度終屬有限。太公於是乃創造出下列五種衝擊的戎車（即戰車）以為突破敵陣之用：

一、武衞大扶胥（戎車之名）三十六乘，四馬駢駕，有防楯，立旂鼓，以七十二名材士攜強弩矛戟為護衞，為衝擊隊指揮官之指揮車。

二、連弩大扶胥三十六乘，裝備和護衛與前車相同，主在以連弩發箭以殺傷敵人。

三、衝車大扶胥三十六乘，裝備和護衛與前車相同，車上載奮擊螳螂武士，為奮擊搏鬥之用。

四、矛戟扶胥七十二乘，裝備和護衛與前車相同，不設旂鼓，主以矛戟殺傷敵人。

五、小楯扶胥一百四十四乘，裝備和護衛與前車同。其任務亦相同[44]。

以上共為衝擊戎車三百二十四乘，可以分編為三十六個衝擊隊，齊頭或重疊衝入敵陣，而以密集的步兵部隊隨後跟入。此種新武器和新戰法之突然出現於戰場，自然不是敵人的橫陣所能抵擋，因之即以完成突破敵陣之功而獲得戰爭之勝利。至戎車之編成如附圖。

以上為《六韜》一書結構的主要內容，我們由此可以窺見太公與文王武王所密商的傾商革命之戰略戰術，以及創造新武器和新戰略的全部輪廓。

第三節　太公革命戰略的實施

現在我們就《六韜》書裏太公所定的革命戰略和當時歷史的事實作一對照。革命戰爭，以爭取人民心理之歸向為第一要義，其方法為修德、下賢和愛民。愛民，以利之而勿害、成之而勿敗為主旨。周族為中國農業發達最早之民族，其先祖后稷在堯舜時代為農師之官，教人民種植百穀，其子孫世守其業。而西岐地方為渭河、汧水、津水合流的河谷，土地肥沃而灌溉便利。太公以勿奪民時，助其耕作，因之農糧之生產豐足。《詩經》稱：「周原膴膴，堇荼如飴。」[45]就是說西岐土地的肥沃。周頌豐年章：「豐年，多黍多稌，亦有高廩，萬億及秭，為酒為醴，烝畀祖妣。」載芟章：「載芟載柞，其耕澤澤，千耦其耘，阻隰徂畛。侯主侯伯，侯亞侯旅，有略其耜，俶載南畝。厭厭其苗，緜緜其麃。載穫濟濟，有實其積（音ㄗ，露堆之意）。」㊻這都是歌詠文王武王時代，官員與人民勤勞耕作和農產之豐盛。人民因此豐衣足食，樂愛其君主。至於所謂下賢，就是禮迎天下之賢士。文王迎伯夷於北海之濱（伯夷為孤竹國君之子，孤竹國在今河北省灤縣一帶）㊼；迎鬻熊於荊蠻（鬻熊為楚國之君），奉之為師。對於由各國來歸的諸首長如太顛、閎夭、散宜生、辛甲諸人，都加以重用。中原諸侯，遂有背殷向周的趨向。孔子說：「三分天下有其二，以服事殷。」㊽就是指這種情形而言。《史記》亦載「天下三分，其二歸周者，太公之計謀居多。」以後到了殷紂王三十一年（西元前一一二四年）周武王在盟津觀兵之時，諸侯不期而來會者八百餘國，皆背紂而向周。他們都說「紂可伐也」㊾。到了殷紂三十三年（西元前一一二二年）武王伐紂牧野（在殷都朝歌西南，今河南省淇縣西南）之戰時，周兵雖祇有戎車三百餘乘，甲士四萬五千人，而各方諸侯以及庸、蜀、羌、髳、微、瀘、彭、濮各部族之來參戰者共有數倍之眾，可見太公此項政策之施行，收到了極大的功效。至於其對敵人之謀略，太公於文伐三疑兩章言之甚詳。文王武王依此進行，卒使殷紂王朝中，舊臣與新人對立，貴族與王室紛爭；紂王之荒淫驕縱，信恃天命所在，毫無悔改之意；殺王子比干，囚箕子，微子啟懼禍而逃亡，太師少師攜帶殷室宗廟祭器逃而奔西周，遂造成殷廷內部上下猜疑恐懼，互相傾軋鬥殺之局㊿。至於在軍事方面的準備，太公是著重於新武器衝擊戎車的製造。因為周武王革命之成功，決於牧野戰鬥之勝敗。而牧野戰之能擊破紂軍，全在於衝擊戎車之突破敵陣，足見此項戎車製造之重要性。至於在殷紂方面：我國考古人員，曾於二十餘年前在小屯殷墟發掘一座殷代帝王墓壙中，發見一輛殉葬的兩馬駢駕軍車遺物，車上有御者和甲士的遺骸；車前有兩馬駢駕的遺骨(五一)。我們又在甲骨文編馬字部裏，發見祇有兩馬駢駕的驪字，而沒有三馬駢駕和四馬駢駕的驂字和駟字(五二)。由此可以想見殷商時代的車輛，祇有兩馬駢駕或一馬繫駕，而沒有三馬駢駕或四馬駢駕的車輛。又在此殉葬的車輛上，祇有乘員的座位而沒有其他的防衛設備，可見此種車輛，乃是殷代帝王隨扈甲士的乘車，而不是用於戰鬥的戰鬥車輛。又在牧野之戰時，史載殷紂聞武王來，乃發兵七十萬人，此外並無車輛之記載，足見紂兵係純為徒步之兵。字典上駟之一字，為四馬駢駕之車馬，在我國歷史上首次出現於《詩經・大雅篇》之大明章。詩裏說：「牧野洋洋，檀車煌煌，駟騵彭彭，維師尚父，時維鷹揚，涼彼武王，肆伐大商。」朱熹註：洋洋，廣大之貌；檀，係堅木宜為車；煌煌，鮮明也；駟，謂四馬駢駕；騵，謂赤馬而白腹；彭彭，強盛之貌；鷹揚，謂如鷹之飛揚而將擊，言其猛也；涼，漢書作亮，佐助之意；肆，縱兵之意。足見四馬駢駕之戎車，為太公所創製，在牧野之戰首次使用於戰場。而《六韜》書上所載，車上尚有武衛、武翼、大楯、小楯之武裝。大抵所謂武衛武翼，乃車上之傘蓋；而大楯小楯是指車上之防楯。由此可知太公所創製之戎車，乃係四馬駢駕且具有武裝的戰車。至於此種戎車之速度和衝力，可由《論語》書裏子貢對棘子成說：「惜哉，夫子之說君子也，駟不及舌。」(五三)一語可以見之，可見當時以駟馬為最快速之物。牧野之戰，史記載「以大卒馳帝紂師」，《史記・正義》說：「大卒謂戎車三百五十乘，士卒二萬六千二百五十人。」即太公以戎車三百五十乘為先鋒，甲士二萬六千二百五十人為後隊，迅速衝入殷紂七十萬徒步兵所列之橫陣內，直衝黃幄左纛紂王所立處。紂王恐懼向朝歌奔逃。紂王之兵驚惶無主，遂自相踐踏，造成血流漂杵的慘敗。前詩所引，維師尚父，時維鷹揚，足見此一戰爭，乃是太公親自指揮，用極快的速度衝入敵陣而獲得勝利，時太公已是九十歲的高齡了。我們要瞭解，在殷商交替的時代，我國的文化還是在青銅器時代，以青銅器的工具，來製造此種四騑六轡[34]能在戰場上馳驅的衝擊戎車，卻不是容易的事。總之，創造並使用此種成隊戎車以行突破以寡擊眾的戰略，乃為太公所新創，更進而言之，太公實為世界古今中外的戰史上，以新武器突破敵陣而獲得勝利的第一人。

太公既以成隊的戎車作戰而獲勝，戎車就成為以後周代軍事上主要兵種。《詩經》〈小雅〉〈大雅〉各篇中，有許多詠歌四牡六轡戎車之詩篇，都是讚頌成、康、穆、宣各王開拓疆土之武功；至春秋時代，則以戎車乘數為計算兵力之標準，實皆遵循太公創制之規模也。

牧野之戰，紂軍既潰敗，紂王乃奔回殷都鹿臺王宮，自己舉火自焚而死，武王遂克商而有天下。

武王既克商，於是首先革除紂王的暴政與天下人民重新做起，釋放監獄內無辜的囚犯；散發鹿臺王宮裏所積聚的財富和鉅橋所藏儲的積粟以救濟人民；一面釋放箕子之囚，封比干之墓，表揚商容的門閭以尊禮忠臣賢士；一面封紂王的兒子武庚祿父為諸侯，以奉祀殷室的宗廟和治理殷民，並以王弟管叔鮮、蔡叔度為祿父之相以監督之。於是武王罷兵西歸，放馬於華山之陽，放牛於桃林之野，偃武修文以示天下不再用兵。《史記》稱武王之克殷紂，遷九鼎、修周政、與天下更始，師尚父謀居多。

足見太公不僅為文王武王籌謀革命，勝殷紂，而且也幫助武王施仁政，解民困，以達成其終身奔走革命以掃除暴政的目的。

我們讀完了這一段繁細而冗長的歷史事實，就可知道太公和文王武王，他們以西周蕞爾小國，起來革根深柢固的殷商王朝的命，而紂王又是一位殘忍好殺的暴君。他們在這種險惡的情勢下，艱苦的策劃和默默的工作，操心危而慮患深，歷時一十七年纔能達成其除暴救民的目標，這是何等艱難的事。這可說是他們長期艱苦努力的成果。但是到了後來，一班不諳軍事的宋明理學之士，他們不深入研究歷史事實和當時的形勢，他們無視於太公和文王們的艱苦工作，而一口咬定說文王武王都是聖人，聖人是無所不知，無所不能的。因此他們說：「文王聖人也。武王以聖繼聖，順天應人。」㊲他們是說文王武王是順應天命而得天下，不是由於艱苦努力中得來，說得如此輕鬆容易。他們甚至有說：「武王不得太公，而用周公召公閎夭散宜生行師，紂之師徒亦必倒戈。」他們都忘卻了史書所載：文王之遇太公，即說吾太公望子久矣，遂拜以為師；武王且尊太公為父，號曰師尚父；《史記》稱武王之克殷紂，修周政與天下更始，師尚父之謀居多；而武王之分封功臣，也是以太公為首功等這些事實，而忽視太公在周殷革命戰爭中的重要性。因此他們就說太公所著《六韜》《三略》等書都是後人的偽作，而無一讀的價值，這真是睜著眼睛說瞎話，厚厚的誣衊前賢了。現在我們對於這段歷史事實已經作了精詳的考證，證明當時的史實，是和《六韜》書裏所策劃的完全相同，因此可斷定以上各書確係由太公的言論紀錄所編寫而成，不是後人所偽造。則對於尊崇太公兵法的讀者們，不但廓清了他們多年來心中真偽難分的迷惑，而且將更益增加他們對太公兵法傾慕嚮往的心情，和服膺揣摩的興趣。至於《六韜》書中有些粗率的言辭和淺俚的語句，如「大蓋天下然後能容天下」、「天下乃天下人之天下」、「取天下者若逐野獸，而天下皆有分肉之心」、「聖人守此而萬物化」這些話，一向為那些文人學士們所詬病，認為是粗魯狂誕之言，不是像太公文王等有道之士所應說。我們仔細加以體會，這些話正是像太公這樣一生奔走革命而具有豪放氣質的人所吐露弘偉的抱負，絕不是一般尋章摘句的文學之士或是戰國策士們所能摹仿得來的，因此我們可以確信這些都是太公之所言。其他關於書中有些漏誤錯簡之處，以致難於讀解。那是由於年代久遠，文字書法和語言的迭次變遷所造成，我們不可為此而因噎廢食也。

第四節　太公著述的流傳

綜觀太公姜尚的一生，我們可以看出他是一位具有豪邁義俠的胸襟而且有濟世安民抱負的革命志士。他博學多才，豪放不羈。《尉繚子》裏說他屠牛朝歌，賣食盟津，人人以為狂夫：而孟子也稱太公者天下之大老也，足見太公於未去西周以前，在中原各處必有許多倜儻救時的言論。可惜那時沒有良好的書寫工具為之記錄，到現在已是無可考證了。自從他在七十二歲西入西岐，一直到他死亡，一共有四十八九年至五十年之久。在這段時間內，在周室或在齊國，都設有左右史官為他記言記事，他的言論纔流傳於後世。前面已述及班固所著《漢書・藝文志》裏載有太公二百三十七篇，內謀八十一篇，言七十一篇，兵八十五篇。同志另有周史六弢六篇列於儒家。《隋書．經籍志》兵家類，卻祇有太公六韜五卷、太公陰謀一卷、太公陰符經一卷，太公兵法六卷、黃石公太公三略三卷，而沒有漢志所載太公二百三十七篇。考太公之在西周，前後共一十八年，其言論多為與文王武王密商傾覆殷紂的革命謀劃和用兵，記錄下來可能就是漢志所載的謀八十一篇和兵八十五篇。武王克商以後，太公以首席功臣的地位被封為齊國的國君，在那時太公已是九十餘歲的高齡了。從此時起到他的死亡，一共有一十六年的時間。在此期間，他於處理軍務政務之餘，對於他的臣僚自然也有許多言論，但是因為他年事已高，可能祇有片段的言論，記錄下來就成為漢志所載的言七十一篇。以上太公所作的言論，在周室的自然由周室的史官處理和保管；在齊國的則由齊國的史官處理和保管。在那個時代裏鐵器還未發明，文字的書寫工作極為困難，所有一切文獻的記錄，都是由文字記錄和口頭傳授相輔而行。此種情形，我們已在前章裏引述殷代的甲骨文和竹書紀年的簡單記錄時已有說明了。一個史官，既要擔任文字記錄，又要擔任對後輩的口頭傳授，所以要選用素質極高的人來擔任此種職位。在春秋時代，楚靈王對右尹子革論左史倚相之為人，他說：「倚相，良史也，是能讀三墳、五典、八索、九丘。」由此可見在那個時代裏史官素質之優良。又史官所保管的文獻和史料是不許他人閱讀的，尤其像太公和文王武王密商傾覆殷紂的革命謀劃，更是密藏於史官的祕藏中不許與他人接觸，所以在一國內除君主和宰輔外，史官是惟一知道國家機密的人。史官既要擔任此種國家機密文件的記錄與保管，又要擔任此種文件之口授解釋，所以在古代都是父子相傳，世守其職。譬如周文王的史官太史編，他的祖先太史疇，就為堯舜時代的史官；漢代的司馬談和司馬遷，父子相繼為太史令；劉向和劉歆，父子相繼為中壘校尉領校祕書；班固為蘭臺令史，繼其父班彪完成漢書之著作，都是史官世職的實例。

由於春秋時代鐵器的發明和刀筆的使用，文字的書寫工作大為進步，於是大家都想將古代所流傳下來的文字紀錄和口傳資料，寫成完整的典籍，所以孔子就在此一時代裏寫成了詩、書、易、禮和春秋。至於太公所流傳下來的言論記錄，自然是由周室和齊國的史官分別來整理完成。《漢書・藝文志》裏所載周史這個人，顏師古說他是周惠王襄王時代的人，一說是周顯王時代的人。由於前段所說的史官情形來看，周史能將太公和文王武王所密商的事件寫成《六弢》這部書，可以推斷他一定是周室王朝裏保管此一部分史料的史官。由此也可推想到他的先世也是周室的史官，在西周犬戎之亂時抱著這份寶藏而東遷的，所以能使此種機密文件完整而不殘缺。我們從《六韜》一書的內容來看，除其前面〈文韜〉〈武韜〉兩篇是討論政治、經濟、心理和謀略的理論外，其餘都是討論軍事的。因此我們可以斷定這部書是由太公的兵八十五篇整編而成。周史可能先將太公的兵八十五篇根據原有的史料完整寫出，然後刪去繁瑣和重複的部分編成有完整體系的《六弢》。所以在《漢書・藝文志》裏是兩書並存的，到了後來，因兩書內容相同，而後者體系更為完整，受讀者的重視，前者遂致亡佚無存了。至於太公的謀八十一篇，可能由周室另一位史官整理寫成的。謀是高深的謀略，可能為以後寫成《陰符經》的基礎而為後來戰國時代縱橫家之祖。《戰國策・秦策篇》說：「蘇秦夜發陳篋數十，得太公陰符之謀，伏而誦之，簡練以為揣摩。」這裏在太公陰符之下加一謀字，足見與太公謀八十一篇有關，或者就是其中的一部分。蘇秦的這部書是得自鬼谷子的。那麼鬼谷子又從何處得到此種太公的祕籍呢？由此可推想鬼谷子也是周室王朝裏一位史官，或者就是整理這謀八十一篇的史官或是他的後人。所以在《漢書・藝文志》裏，衹有太公的謀八十一篇而沒有《陰符經》。到了隋代，《隋書・經籍志》裏卻分為《太公陰謀》一卷和《陰符經》一卷的兩部分，而沒有整的謀八十一篇了。至於太公在齊國的言論，自然是由齊國史官來整理寫定，寫定後，前面已說過，可能就是漢志所載的言七十一篇。這太公的言七十一篇，依以下的情形推斷，可能為後來黃石公寫為《三略》一書的基礎。因為我們細讀《三略》一書，其內容並無有系統的組織和章節畫分，想係太公在齊國時隨時對臣下的提示，故可斷定其為由言七十一篇改寫而成。至於黃石公，是一個隱姓埋名的人。他為何要隱姓埋名，我們以後再討論。但在他的隱姓埋名中卻透露了一個消息，就是他於下邳城（今江蘇省邳縣）圯橋上授太公兵法給張良的時候，他對張良說：「後十三年，孺子見我濟北穀城山下，黃石即我也。」後十三年，張良從漢高帝過濟北，果真見到穀城山下有一塊黃石，因取此石而為之立廟奉祀。黃石公之名，就是因為這塊黃石而得名。太史公司馬遷疑心這位在圯橋上授書的老人是鬼神的幻形。他說：「學者多言無鬼神，至如留侯（即張良因封為侯食邑於留）所見老父予書，亦可怪矣！」㊆其實這是司馬遷沒有詳細研究之故。黃石公告知張良說穀城山下有一塊黃石，以後張良果真在穀城山下找到這塊石頭，可見黃石公對於穀城山的地形非常熟悉。穀城山又名黃山，在今山東省東阿縣東北，是標高不到一二百公尺的一個小丘阜。山東省境內的高山名勝之地甚多，如泰山、梁父、芸芸、亭亭等名山，都是古代帝王封禪祭祀之地；而穀城山不過是一個小丘阜。黃石公之能熟知此山之地形，當然不是由於遊覽觀光或是拜神求仙而得知，而是由於從小就生長於此一地區或是常到此地遊玩之故。因此可推斷黃石公的家就住在這穀城山附近，就此我們可以知道黃石公是齊國人。秦滅六國，滅齊最後。齊國的滅亡，是在秦始皇二十六年（西元前二二一年），張良之狙擊秦始皇於博浪沙（在今河南省北部陽武縣東南），是在始皇二十九年；圯上老人授書，約在始皇三十年，距齊國之亡不過四年。又因黃石公能寫出《太公三略》這樣一部書，他一定是曾經接觸過齊國史官所密藏的太公史料的，因此可推斷出黃石公乃是齊國的一位官員，而且是一位史官。史官是世職的，所以他的先世也是齊國的史官，而且可能就是那個整理和寫定言七十一篇的人。我們由此可以推想黃石公的先世，最先整理和寫定那言七十一篇，完成他做史官的職責。隨後因為太公是開創周朝和開創齊國的聖人，他的言論為各方所宗仰，因而就私下的將它刪編成為《三略》一書，密藏於史官祕府或自己的家中。六國既為秦始皇所併滅，這些被併滅國家的遺臣故老，自然個個都想恢復故國，還我河山，但是懾於秦朝的暴政，都不敢有所行動。現在聽到韓國青年張良，他散家財、求力士，狙擊始皇於博浪沙中。這樣一種驚天動地的行動，自然引起那些故臣遺老的敬佩。所以黃石公就把這部寶書私下送給張良，並且說：「讀之可為帝王之師。」黃石公既然是齊國亡國的官員，他的行動自然還是受著秦朝官吏的監視。而且那時候正是秦始皇聲威最高，厲行焚書的時候，一個史官偷偷的將太公的兵法送人，這是何等危險的事情。那末他隱姓埋名又何足為怪呢。以後張良輔佐漢高祖平定天下，以得益於此書為多。張良死後，此書藏於良之棺中而消失。一直到了晉代八王之亂時（西元四世紀初年），匪盜發掘張良墳墓盜取財物，於其玉枕中得此書，因之《三略》一書再次出現於世上。所以在《漢書・藝文志》裏，祇有太公言七十一篇而沒有《三略》，最近在山東臨沂縣漢墓中所出土的竹簡，也是祇有《六韜》而無《三略》；到了晉代以後的隋代，《隋書・經籍志》裏卻祇有《三略》，而太公言七十一篇則已亡佚無存了。

寫作《六韜》《三略》的周史和黃石公，以及傳授《陰符經》的鬼谷子，都是名不見經傳的人物，而他們卻能寫出那樣高深的兵學典籍，其為典藏此種祕密史料的史官，可說是毫無疑義之事。又歷來的史官，都有一種嚴格的法則，就是絕對不能將所典藏的史料轉告他人。因此我們可以推想，所謂周史鬼谷子等，都不是他們的真實姓名，而是一種假託的化名。黃石公自始至終沒有說過他的姓名，而由我們因為那塊黃石所加於他的名號。由於此一事實真相的發見，我們就可推想在戰國時代裏其他許多的神祕人物，如尉繚子鶡冠子等，他們在當時社會上都是沒有藉藉之名，也沒有建功立業的表現，但是他們都能撰著許多與兵學有關的典籍和教授許多門徒，而且都是用假託的化名出現，我們就可斷定他們一樣的都是曾經接觸過國家祕密史料的史官或是他們的後人。這樣一來，我們過去對於這一羣人物的神祕觀感，也就一掃而空，毫不為怪了。

由於以上的所述，可知《六韜》、《三略》和《陰符經》三部書，都是由太公的言論記錄編寫而成。他們都是自稱為「太公兵法」或是「太公陰符之謀」，也確實是事實，不是偽造假託之言。不僅如此，我們讀了在春秋戰國時代所後出的孫子、吳子、鶡冠子、尉繚子，以及蘇秦張儀等有關兵學與縱橫學的許多著述，細考其內容，可說是多少都受了太公言論的影響。所以太史公司馬遷說：「後世之言兵及周之陰權，皆宗太公為本謀。」[57]確為確實有據之言，並非過譽溢美之辭。

第五節　太公著述讀後感言

我們追溯我國五千餘年來最古的文化，其信而有徵的，當推帝堯的文治和太公姜尚的武略。有文治，足以使人民生活有物有則，以進於懿德[58]；有武略，足以征討亂逆，安綏地方，使人民得以安居而樂業[59]。易經稱古代庖犧氏弦木為弧，剡木為矢，弧矢之利，以威天下[60]。《詩經・大雅篇》說：「修爾車馬戎兵，用戒戎作，用逷（音惕遠也）蠻方。」又說：「式遏（阻止之意）寇虐，無俾民憂。」[62]足見我國古代主政之人，對於文治與武事，兩者是並重的，所以能開疆拓土，樹立我中華民族生存繁衍的基礎，堯舜的文治，經孔子孟子的祖述，和數千年來儒士學人的發揚光大，煥然已成為我國文化的主流。至於太公的武略，往往因國家長治久安，太平無事，而為全國上下所忽視。因而循致戎事不修，武備廢弛，最後招來外族侵略，演成亡國覆宗的慘禍，這實在是我們民族一件最可悲哀的事。我們現在細讀太公所著兵法《六韜》《三略》各書，仔細分析其內容，他以天下為天下人之天下，大公無私的精神來規劃國家的政治，規模非常弘大。他說：「天生四時，地生萬物，天下有民，聖人牧之，故春道生，夏道長，秋道斂，冬道藏，聖人配之，以為天地經紀。」[63]又說：「大蓋天下，然後能容天下。信蓋天下，然後能約天下。仁蓋天下，然後能懷天下。恩蓋天下，然後能保天下。權蓋天下，然後能不失天下。」(六三)他以天下孳生萬物的道理和民胞物與的精神來治理天下的人民，其政治思想的弘大，實為古往今來聖賢豪傑所共同追求的目標。他的政治規劃，是以愛民富民教民的順序依次進行，同樣也是古往今來聖賢豪傑所步趨追隨的規範。至於他在軍事方面，他衡量了當時殷周兩方眾寡強弱的形勢，首著眼於新武器和新戰略的創造，以求在戰場上出敵不意而戰勝敵人。他在以銅器為工具的時代裏能創造出四馬駢駕的快速戎車，衝破殷紂以七十萬眾所列的橫陣而獲得曠古未有的勝利。他不但在軍事方面能克敵制勝，而且於軍事勝利掃除殷紂暴政後，立刻施行仁政於人民以達成其愛民救民的抱負和夙願。凡此種種，可說是都是古往今來的聖賢豪傑所難以企及的。伊尹周公，有弘大的政治抱負和才能，而缺乏軍事的素養。管仲和樂毅，有軍事的素養，而缺乏弘大的政治抱負和才能。兩者兼備而能施展德澤於天下的，古往今來，實以太公為第一人。

《孟子》書裏說：「子產聽鄭國之政，以其乘輿濟人於溱洧（鄭國兩條小河）。」孟子曰：「惠而不知為政。」(六四)孟子又說：「今有仁心仁聞，而民不被其澤者，不行先王之道也。」(六五)孟子之意，是說人君雖有仁惠的存心，假使不依照先王的施政方法去實行，人民並不能得到仁惠的德澤。可見有仁義的存心和愛民的抱負，必須要有施政的方法始能達成。《六韜》一書，就是太公和文王武王以仁政愛民，以武略治軍施行革命以推翻殷紂暴政的實際紀錄，也就是孟子所謂先王施政之實際方法。

我們現在離太公的時代雖已久遠，形勢也是古今不同，但太公的政治思想和其軍事智慧，實是恆久不渝，萬古常新。他的名言寶訓，到現在仍舊可為我們極可寶貴而可遵循的準則。方今世局紛擾，變亂日急。共產主義，有侵略世界的陰謀；核子炸彈，有毀滅全球的威脅，保衛民族的生存，必須要如《太公六韜》所規劃的內修仁政，外治武備。這裏所謂內修仁政外治武備，若用現代話說，就是要準備政治和軍事聯為一體的全民總體性戰爭。而《太公六韜》一書，正是我國古代研討政治和軍事聯為一體的惟一兵學典籍。所以要研究現代的全民總體性戰爭，若先研讀太公的《六韜》，當可獲得無限寶貴的啟示。

【附註】㈠見《史記・五帝本紀》。㈡見《易經・繫辭下》傳。㈢見《左傳・魯昭公十二年》楚靈王與右尹子革論左史倚相說「倚相，良史也。是能讀三墳、五典、八索、九丘。」㈣見清孫海波著《甲骨文編・序文》。㈤見《晉書・束皙傳》及清崔萬烜《竹書紀年・序文》。㈥見《敦煌石室考古記》。㈦見《書經・禹貢篇》梁州條。㈧見《史記・夏禹本紀》。㈨見唐柳宗元著《封建論》。㈩見徐培根著《中國歷代戰爭史》第一編二卷一章春秋時代之形勢。⑪見《史記・孔子世家》。⑫見辛文貝文辛卣。⑬見《史記・蕭丞相世家》。⑭見徐培根著《中國歷代戰爭史》第一篇一卷一章中華民族之起源與發展。⑮見《史記・五帝本紀》。⑯見董作賓著《殷周戰史》。⑰見班固著《前漢書・藝文志》兵家類。⑱見《新唐書・侯君集傳》末段。⑲見宋張商英《素書・序言》。⑳見《六韜・武韜篇》。㉑四嶽是堯舜時代四方面諸侯的首長，有協助帝王決定國家大事的權力。見《尚書・堯典篇》。㉒見王國維輯校《古本竹書紀年》。㉓見《尉繚子・武議篇》。㉔見劉震慰著〈虞山奇觀〉一文，見《中央月刊》第六卷第八期一三八頁。㉕見《史記・吳泰伯世家》。

㉖見《史記・齊太公世家》。㉗見《孟子・公孫丑上篇》。㉘見《史記・殷本紀》。㉙關於周國在西伯姬昌時代的人口數字，史無記載。我們就武王姬發伐殷牧野之戰時，周國出兵四萬五千人，若按古代游牧民族之出兵率計算，當時周國的總人口約為十八萬至二十萬人。但太公歸周之年，早於牧野之戰十八年，所以當時周國的總人口，至多不會超過十五萬人。㉚見《史記・周本紀》。㉛見《孟子・離婁下篇》。㉜見《孟子・公孫丑上篇》。㉝見《史記・殷本紀》。㉞見《史記、周本紀》太顛閎夭散宜生鬻子辛甲條司馬駰註解。㉟見《尉繚子・武議篇》太公望年七十餘而其主不聽。又孟子說 太公避紂於東海之濱。㊱見《六韜・武韜篇》發啟章。㊲見《六韜・武韜篇》順啟章。㊳見《史記・齊太公世家》。㊴見《六韜・武韜篇》兵道章。㊵見《六韜・龍韜篇》軍勢章。㊶見《六韜・龍韜篇》軍勢章。㊷見《六韜・犬韜篇》武鋒章。㊸見《六韜・犬韜篇》戰車章。㊹見《六韜・虎韜篇》軍用章。㊺見《詩經・大雅篇》緜緜章。㊻見《詩經・周頌篇》豐年章載芟章。㊼見《孟子・離婁上篇》。㊽見《論語・泰伯篇》。㊾見《史記・齊太公世家》。㊿見《史記・殷本紀》。(51)見小屯殷墟考古發掘報告書。(52)見孫海波著《甲骨文編》第十卷馬字部。(53)見《論語・顏淵篇》。(54)四駢六轡 四駢為四馬並齊駕車四匹馬的名稱。其位於中間兩匹馬在轅桿兩側的稱為服馬，在服馬外側的兩匹馬稱為驂馬。服馬係用單轡控馭，兩服馬共為兩轡。驂馬為車子轉向的轉軸或外翼，故每一驂馬須用雙轡控馭以引導其轉向。因之兩匹驂馬共有四轡，連同服馬兩轡，共為六轡，即為四駢六轡的解釋。(55)見楊家駱主編《偽書通考・兵家類》六韜節。(56)見《史記・留侯世

家》末段贊辭。(五七)見《史記・齊太公世家》。(五八)見《詩經・大雅篇》烝民章天生烝民，有物有則，民之秉彝，好自懿德。(五九)見《書經・周官篇》惟周王撫萬邦，巡侯甸，四征勿庭，綏厥兆民。(六〇)見《易經・繫辭下》傳。(六一)見《詩經・大雅篇》抑抑章及民勞章。(六二)見《六韜・文韜篇》守國章。(六三)見《六韜・武韜篇》順啟章。(六四)見《孟子・離婁下篇》。(六五)見《孟子・離婁上篇》。

本編　六韜

簡引：六韜為太公姜尚與周文王武王祕密商討對殷紂王朝革命謀劃的談話紀錄。革命必須得到全國人民心理的支持，和持有足以擊破暴力的武力，始能成功。前者，要在政治上普施仁德，以爭取天下人民歸心。其中包括政治經濟和社會心理的各項策劃，我們稱之為政治戰略，簡稱為政略。後者，要在軍事上研求戰略和武器的創新，以求在戰場上擊敗敵人，此種策劃，我們稱之為軍事戰略，簡稱為軍略。六韜一書，就是為傾商革命所研究政軍兩大戰略的理論與規劃。所以六韜不是單論軍事的純軍事學，而是兼論政治經濟社會心理以及軍事的總體性戰爭學。韜字，原義為收藏之意，引伸為名詞，則為軍事上祕密策略之意。六韜就是六篇軍事上的祕密策略。

六韜前二篇文韜和武韜，為政治的戰略；後四篇龍韜、虎韜、豹韜和犬韜，為軍事的戰略。

第一篇　文韜（政治戰略之一）

文師第一（論革命形勢與革命方略）

一、論革命可能性。
二、革命情勢判斷和革命方略。
三、論收攬人民心理的歸向。

文王(一)將田(二)，史編(三)布卜(四)，曰：田於渭陽(五)，將大得焉。非龍(六)非彲(七)，非虎非羆(八)，兆(九)得公侯，天遺(一〇)汝師。以之佐昌(一一)，施(一二)及三王(一三)。文王曰：兆致是乎？史編曰：編之太祖史疇(一四)，為禹(一五)占，得皋陶(一六)，兆比於此。文王乃齋(一七)三日，乘田車，駕田馬(一八)，田於渭陽，卒見太公(一九)坐茅以漁(二〇)。

文王勞㉑而問之曰：子樂漁耶？太公曰：君子㉒樂得其志；小人㉓樂得其事。今吾漁，甚有似也。文王曰：何謂其有似也？太公曰：釣有三權㉔，祿等㉕以權，死等以權，官等以權。夫釣以求得也，其情深，可以觀大矣。

文王曰：願聞其情。太公曰：源深而水流，水流而魚生之，情也。根深而木長，木長而實㉖生之，情也。君子情同而親合，親合而事㉗生之，情也。言語應對者，情之飾㉘也。言至情者，事之極㉙也。今臣言至情㉚不諱㉛，君其惡㉜之乎？

文王曰：惟仁人能受正諫㉝，不惡至情，何為其然？太公曰：緡㉞微餌㉟明，小魚食之。緡綢㊱餌香，中魚食之。緡隆㊲餌豐，大魚食之。夫魚食其餌，乃牽於緡；人食其祿，乃服於君。故以餌取魚，魚可殺。以祿取人，人可竭㊳。以家取國，國可拔㊴。以國取天下，天下可畢[40]。嗚呼！曼曼綿綿[41]，其聚必散。嘿嘿昧昧[42]，其光必遠。微[43]哉聖人之德誘[44]乎，獨見樂哉。聖人之慮，各歸其次，而立斂[45]焉。

文王曰：立斂若何，而天下歸之？太公曰：天下非一人之天下，乃天下之天下也。同天下之利者則得天下，擅[46]天下之利者則失天下。天有時，地有財，能與人共之者仁也。仁之所在，天下歸之。與人同憂同樂，同好同惡，義也。義之所在，天下赴[47]之。凡人惡死而樂生，好德而歸利，能生利者道[48]也，道之所在，天下歸之。

文王再拜曰：允哉[49]！敢不受天之詔命[50]乎！乃載[51]與俱歸，立為師。

【今註】㊀文王：周國國君，姓姬名昌，詳見前編第二章第一節。㊁田：狩獵也。㊂史編：為太史名編。太史為史官的尊稱。古代帝王，經常設置左右兩位史官，左史記錄言語，右史記錄行事。史官兼掌占卜之事。㊃布卜：占卜也。㊄渭陽：為渭河北岸地區。水北為陽，水南為陰。渭水，即今流經甘肅和陝西兩省的渭河。渭河源出甘肅省渭源縣之鳥鼠山，東流經陝西省省會西安市，會涇水洛水入於黃河。㊅龍：為有角之龍。㊆彲：音ㄔ，與螭同，為無角之龍。㊇羆：音ㄆㄧˊ，為大熊，如北極熊之類，性極兇猛。㊈兆：為占卜所得之兆詞。㊉遺：餽贈之意。⑪佐昌：佐為輔佐，昌即文王。⑫施：施加恩惠之意。⑬三王：謂周國三個世代的國君，即文王、武王、成王是也。⑭史疇：係帝堯時代之史官，名疇，為史編之遠祖。⑮禹：為夏禹王。舊本原為禹，齊廉本改作舜。今考古本《竹書紀年》，並無舜之事蹟，茲暫從舊本，俟將來覓得山東新出土之漢墓竹簡本時，再作校正。⑯皋陶：音ㄍㄠ ㄧㄠˊ，人名，為帝堯及禹王的臣子。⑰齋：戒齋也，是戒食葷腥等不潔之物和不謹之行，以正身心之意。古時國家有大事，如祭禱天地山川與祖先，出兵征討與凱旋獻俘，命立儲君，任命宰輔，以及大婚大喪等，國君必先行戒齋以示恭敬，藉以上邀天地鬼神之庇祐。⑱田車田馬：為狩獵用之車和馬。⑲太公：即姜尚，詳見前篇第二章第一節。⑳漁：捕魚釣魚之意。㉑勞：為慰問之意。㉒君子：指高級知識分子，有教養有學問有地位的人。㉓小人：指一般知識較低的平民。㉔權：是操有權衡之意。㉕等：為同樣之意。㉖實：為樹木所生的果實。㉗事：共同作事之意。㉘飾：為外表裝飾之意。㉙極：為事理達到終點之意。㉚情：劉寅本作泰字，齊廉本作情字，此處以情字承接上文為合理，故用齊本。㉛諱：隱瞞之意。㉜惡：去聲（音ㄨˋ），厭惡之意。㉝諫：規勸之意。㉞緡：音ㄇㄧㄣˊ，為釣魚用之絲線。㉟餌：引魚上鈎的食物曰餌。㊱綢：

與稠字通用，為密致之意。㊲隆：豐厚也。㊳竭：為竭盡其力之意。㊴拔：為用力拖拉過來之意。㊵畢：完成之意。㊶曼曼綿綿：曼曼，為茂盛之貌；綿綿，為廣闊緜延之意。㊷嘿嘿昧昧：嘿嘿，即默默，不言語也；昧昧，不顯露於外表之意。㊸微：微妙也。㊹誘：誘導也，循循善誘。㊺立斂：立，定也；斂，收攬之意。立斂，是策定收攬人心的方法。㊻擅：專擅也。㊼赴：奔赴之意。㊽道：能順天地之道之意。㊾允哉：真高明的感嘆辭。㊿詔命：天或皇帝的命令曰詔命。(51)載：乘車也。

【今譯】 周國國君文王姬昌，將要出去狩獵，命太史編占卜吉凶。太史編占得卜兆說：此次在渭河北岸地方狩獵，將有很大的收穫。所得的不是龍，不是彲，不是虎，也不是羆。乃是得到一位公侯之才，是天遺贈你作為你的老師，輔佐你成就事業，並且還將加惠於你的後嗣三個世代的繼承人。文王問：兆詞是如此其吉麼？太史編對說：我的遠祖太史疇，過去曾為夏禹王占卜，也曾得過此一兆詞，因之他得了皐陶為臣。今日所得的兆詞與此相同。文王於是戒齋三日以正思慮，乘坐狩獵用的車和馬，到渭河北岸地方舉行狩獵。在狩獵期間，終於遇見太公姜尚，正坐在滿布茅草的河岸上釣魚。

「解」一：本段係敘述文王遇見太公差尚之經過。

文王見到了太公，就上前致慰問之意，並且問他說：你樂於釣魚麼？太公對說：君子喜歡得到他所抱願望的成功；常人喜歡得到他所做工作的成功。現在我的釣魚，其道理是與此相同的。文王問：何以會與釣魚之道相同呢？太公對說：譬如人君的釣，就有三種權衡操在手中：以厚祿尊禮賢士，同樣就操有使賢士盡其智能的權衡；以重賞鼓勵士兵，同樣就操有使士兵趨難赴死的權衡；以高爵授予臣僚，同樣就操有使臣僚盡忠職守的權衡。釣，是一種求有所收穫的事情，它的意義甚為深遠，我們由此可以發見更大的道理。

「解」：本段係太公向文王借釣理為比喻，說明人君治天下的道理。

文王說：我願聞其詳情。太公說：水的源流深則水流暢，水流暢則魚生其中，此為水的自然情形。樹木的植根深則枝葉茂，枝葉茂則果實生其上，此為樹木的自然情形。君子相處則生情感，情感合則可以共營事業，此為人羣相處的自然情形。一般的言語應對，是情感外表的文飾。至於所言的出於內心的至情，則多為事理的極致。今臣所言，乃是至情之言，而且將直言不諱，你聽了將不以為怪麼？

「解」：本段太公因與文王係初次見面，太公想要說出他心中的深情，恐文王怪其突兀，故先作此言以探之。

文王說：凡是有仁德的人都是能接受正當的規諫，不致厭惡深情肺腑之言。你又何為而有此想呢？太公說：細小的釣絲和小的魚餌可以釣小魚，中的釣絲和中的魚餌可以釣中魚，粗的釣絲和大的魚餌可以釣大魚。魚食了餌，乃為釣絲所牽。人食國家之祿，乃服務於其君上。所以以餌取魚，魚可殺而食之。以爵祿用人，人可竭其力而用之。以家為基礎而取國，則國可取而有之。以國為基礎而取天下，則天下可盡得而服之。

太公至此，乃喟然慨嘆說：天下之事物，往往外表上茂盛發皇，或是緜延廣大，常是虛有其表，聚而易散。惟有那默默的工作不表露於言語，暗暗的實行不顯露於外形，他們的光華常能著於久遠。聖人的仁德，常是微妙的施於人而不使人見，善於誘導人而不使人知。天下之人沐於春風和雨之中潛移默化而不自覺，惟有聖人內心中知之樂之耳。所以聖人的思慮事物，總是依循事物的本原和其順序而加以誘導，以此為準則而定收攬人心的方法。

「解」：本段為太公對文王第一次的深談，就是所謂肺腑之談。由於這一次談話文王就下定決心從事革命，所以這次談話是改變歷史的談話，也可說是中國歷史上最為重要的一次談話。此段談話，又可分三個小段。第一小段是說以國為基礎可以取天下，這就是說你要能以你的國為犧牲而取天下，天下是可取而改造的。太公以數十年在中原奔走革命以及與各地諸侯接觸的經驗，深知要進行傾商革命以解救天下人民，乃是一件驚天動地的大事。假使信口率直的說出來，聽的人將會驚駭而卻走。而況在此時候，殷紂的暴政正在開張。九侯鄂侯以及比干，都為諫諍而死，文王被囚羑里七年，纔釋放而歸。太公乃以眼前釣魚的事作為談話的引子，輕描淡寫的說出以國為餌可以進而取天下，辭旨隱約而模糊。這在一般人聽了，以為是談釣魚之事。而在履危處困抱有救世安民弘願的文王，自然會立刻領會於心中。這真是一種很好的進言方法而不露任何痕跡。

第二小段是從太公喟嘆起至其光必遠止。這段是泛論天下的事物，其外表雖是強盛或緜延廣大，都是虛有其表，其聚必散，是不足為畏的。惟有那默默不露於言語，昧昧不顯於外形的工作者，他們的光華常可著於久遠。這就是說表面的強弱形勢是不必憂慮的，祇要能默默的工作，一定可以寡勝眾、弱敵強。這是一種革命情勢的分析。

第三小段是說聖人必須以仁德化人，使人在不知不覺之中傾向於你，受著你的領導。因此聖人的處事，常是順著事物的本來性質和順序而潛移默化它。孟子說：以德行仁者王。這一小段就是太公「以德行仁」的革命方針和方略。

本段全文原文雖祇有短短的一百一十七個字，由嗚呼以下祇有四十二個字，但太公卻已說出他所看到的當時革命情勢和他整個革命方略。用現代軍語來說，就是「革命的情勢判斷」和決定了「革命的戰略」。以後太公和文王武王在周國默默的工作一十七年，都是依照這個革命戰略進行的。所以這一次談話是非常重要的談話，也可說是創造歷史的談話。

此段談話是如此重要，但在字面上卻是一些空洞的理論，以致後來的文人學士們無法瞭解，譏為戰國時代策士們所偽作。那是由於他們不曾研究當時的歷史情勢和太公文王的處境，是不足為怪的。

文王又問：我們將如何來收攬人心而使天下歸心呢？太公對說：天下非一人之天下，乃是天下人共有之天下。你若能與天下之人同享其利，則可以得天下。你若獨自專擅天下之利，則將失去天下。天有歲時，地有貨財，兩者能與天下共之者謂之仁。仁之所在，天下之人自必歸之。與天下之人同其歡樂，同其憂慮，同其所好，同其所惡，謂之義。義之所在，天下之人自必趨之。凡人莫不惡死而樂生，向仁德而趨有利。能使人民生利者為有道之君。道之所在，天下之人自必歸向而來附。

文王於是再拜說：誠哉先生的高見！我敢不盡力以接受上天之詔命耶。文王乃以狩獵的田車載太公回都，拜以為師，號曰太公望。

「解」：本段敘述收攬人民心理的歸向，為革命政略中最為重要的一項。此與孟子所說：「得天下有道，得其民斯得天下矣。得其民有道，得其心斯得民矣。得其心有道，所欲與之聚之，所惡勿施爾焉。」以及曾子所說：「民之所好好之，民之所惡惡之，此之謂民之父母。」完全相同。後世儒家，以孔子罕言利，孟子不言利，因此說太公的言利與孔孟之道相背。不知太公的言利，乃是與天下之人共天下之利，就是利天下利人民之意，與孟子所說的「所欲與之聚之」，曾子所說的「民之所好好之」並無二致。

最後一段文王說：敢不盡力以接受上天之詔命耶。就是文王決心接受太公的意見，以從事於傾商革命的工作。

盈虛第二（論內政政策之一——人君領導學之一）

一、論君主與國家盛衰之關係。

二、君主治躬之道。

三、君主愛民之道。

文王問太公曰：天下熙熙㈠，一盈一虛㈡，一治一亂，所以然者何也？其君賢不肖㈢不等乎？其天時變化自然乎？太公曰：君不肖，則國危而民亂。君賢聖，則國安而民治。禍福在君，不在天時。文王曰：古之聖賢，可得聞乎？太公曰：昔者帝堯㈣之王天下，上世所謂賢君也。文王曰：其治如何？

太公曰：帝堯王天下之時，金銀珠玉不飾，錦繡文綺不衣，奇怪珍異不視，玩好之器不寶㈤，淫佚㈥之樂不聽，宮垣㈦屋宇不堊㈧，甍桷椽楹㈨不斲㈩，茅茨(一一)偏庭不剪。鹿裘禦寒，布衣掩形(一二)，糲粱(一三)之飯，藜藿(一四)之羹。不以役作之故，害民耕織之時，削(一五)心約志，從事乎無為(一六)。吏，忠正奉法者尊其位；廉潔愛人者厚其祿。民，有孝慈者愛敬之，盡力農桑者慰勉之。旌別(一七)淑慝(一八)，表其門閭(一九)。平心(二〇)正節(二一)，以法度(二二)禁邪偽。所憎者，有功必賞，所愛者，有罪必罰。存養天下鰥寡孤獨㉓，賑贍㉔禍亡之家。其自奉㉕也甚薄，其賦役㉖也甚寡，故萬民富樂而無饑寒之色。百姓戴㉗其君如日月，親其君如父母。文王曰：大哉，賢德之君也。

【今註】㊀熙熙：為眾多和樂之貌，形形色色之意。㊁盈虛：盈為充滿，虛為空虛。盈虛二字連用，有氣象盛衰之意。㊂不肖：肖是指父子之間，形貌氣質和行為有相似之處；不肖，是指兒子不像其父親，子孫不如其先人，亦可作不賢之人解。㊃帝堯：姓伊祁，名放勳，為中國古代最有仁德的帝王，在位一百年，自西元前二三五七年至前二二五八年。㊄寶：貴重也。㊅佚：與逸字通，快樂之意。㊆垣：圍牆也。㊇堊：音ㄜˋ，用白粉刷牆壁之意。㊈甍桷椽楹：甍音ㄇㄥˊ，屋脊也；桷與椽，均為排在屋樑上之橫排木，方者為桷，圓者為椽；楹音ㄧㄥˊ，屋柱也。㊉斲：音ㄓㄨㄛˊ，雕刻之意。⑪茨：音ㄘˊ，為蒺藜草。⑫掩形：掩蔽身體之意。⑬糲粱：糲音ㄌㄧˋ，糙米也；粱，為高粱米。⑭藜藿：音ㄌㄧˊㄏㄨㄛˋ，為一種粗菜。⑮削：減弱也，此處有自己抑制之意。⑯無為：無有作為之意。此處是指用仁德感化人的政治，不言而教，不勸而成。《論語・衛靈公》：無為而治者，其舜也與。⑰旌別：旌，原義為旗竿頂上的小旗，引伸為表章之意。旌別為表示識別之意。⑱淑慝：淑，善也；慝音ㄊㄜˋ，惡也。⑲門閭：為里巷之門。⑳平心：公正之心。㉑節：節度也。《中庸》：喜怒哀樂之未發，發而皆中節。㊂法度：為規律之意。《書經・大禹謨》：儆戒無虞，罔失法度。㊃鰥寡孤獨：男子喪妻曰鰥，女子喪夫曰寡，兒女喪父曰孤，老而無子曰獨，稱為無告四窮民。㊄賑贍：救濟贍養之意。㊅自奉：自己生活的供養也。㊅賦役：徵收人民的財物曰賦；徵集人民的勞力曰役。㊆戴：愛戴之意。

【今譯】 文王問太公說：天下之大，形形色色，有盛有衰，有治有亂。其所以如此者，是否因其國君有賢與不賢呢？還是因為天時和氣運的變化所自然造成呢？太公對說：君主不賢，則國家危殆而人民紛亂。君主賢明，則國家安寧而人民有序。國家的禍福，在於君主之賢與不賢，與天時和氣運之變化無關。

「解」：本段係闡明君主之賢否與國家盛衰之關係。

文王問太公：古代的聖賢之君，可得聞乎？太公對說：古時帝堯之治天下，上世稱為賢明之君。文王又問：他的治道如何？

太公對說：帝堯為君之時，不用金銀珠玉為裝飾品，不穿錦繡綺羅的衣服，不珍視奇瑰珍異的寶物，不使用玩好的器具，不聽淫靡逸樂的音樂，不粉飾宮廷的牆垣。在宮殿屋宇上不施雕樑畫棟的裝飾，不剪除庭院的草地。以鹿裘禦寒，以布衣蔽體。喫糙米高粱米的飯，餟藜藿粗菜的羹。在耕作季節裏不役使人民，以免妨害其耕織。約制自己的心志，從事於以仁德化人的無為政治。對官吏之忠正奉法的，升高其爵；對廉潔愛民的，增加其祿俸。對人民中有孝順父母慈愛幼小的，加以敬愛；盡力農耕蠶桑的，加以獎勉。調查人民素行之善惡，其良善的表彰其門閭以示崇敬。以公正與有節度的心理來處理事務；以法律和規章來禁制邪惡奸偽之人。對於素所憎惡的人，如果立有功績則必加以獎賞；對於素所喜愛的人，如果犯有罪譴則必加以懲罰。對於人民中鰥寡孤獨四種孤苦的人，時常加以慰問與存養；對於遭受天災人禍的家庭，即時與以救濟和賑贍。他自己自奉甚薄，而加於人民的賦稅和勞役則甚少。因此所有的人民，都是家富人樂而無饑寒之色。所以人民愛戴他，有如天上的日月；親近他，有如自己的父母。文王聽了就感嘆著說：帝堯真是一位偉大的賢德之君！

「解」：本章為政治戰略中內政政策的第一篇，其內容為人君領導學之一。要收攬民心，必須要修明內政。而君主持躬賢明，尤為修明內政的第一要事。孔子說：「其身正，不令而行；其身不正，雖令不從。」可見一切政令的推行，必須人君率先躬行，為人民的表率。太公舉古代帝堯的治道為例，說明人君必須要自奉節儉，公正愛民，進用賢才，嚴明賞罰，存養孤苦，救濟災難。如此，人民自然愛戴君上，而樂於為他效命了。

有些文人學士們說：文王乃是聖人，聖人是無所不知的。文王豈有不知帝堯的治道，而要太公曉曉的陳述。因此就認為《六韜》這部書是鄉曲里人之所偽作。不知革命戰爭，是以收攬民心為第一要義；而收攬民心，實以君主持躬賢明率先領導為首要之務也。況且太公與文王，係屬初次相交，今既承文王相問，太公自當盡情相告。其實文王離帝堯時代已一千一百餘年。在那個時代裏文字書契傳播不廣，而文王又是生長於西北邊區戎狄之間，現在遇到了博學多聞的太公由中原而來，因此多問些中原的事情，正顯得文王虛懷若谷的謙抑之風，又何損於他之為聖人呢。

國務第三（論內政政策之二——內政之政務）

國務以愛民為先。

文王問太公曰：願聞為國之務㈠，欲使主尊人安，為之奈何？太公曰：愛民而已。

文王曰：愛民奈何？太公曰：利而勿害，成而勿敗，生而勿殺㈡，與而勿奪，樂而勿苦，喜而勿怒。文王曰：敢請釋其故。太公曰：民不失務則利之。農不失時則成之。薄賦斂㈢則與之。儉宮室臺榭㈣則樂之。吏清㈤不苛擾㈥則喜之。民失其務則害之。農失其時則敗之。無罪而罰則殺之。重賦斂則奪之。多營宮室臺榭以疲㈦民力則苦之。吏濁㈧苛擾則怒之。故善為國者，馭㈨民如父母之愛子。如兄之愛弟。見其饑寒則為之憂。見其勞苦則為之悲。賞罰如加諸身。賦斂如取於己。此愛民之道也。

【今註】㈠為國之務：治國之要道也。㈡殺：劉寅本作役字，齊廉本作殺字，因與下文相應，以殺字為合理。故採齊本。㈢賦斂：賦為賦稅，斂為收取。賦斂，為收取賦稅之意。㈣臺榭：臺，為臺閣；榭，為廻廊。㈤清：清廉也。㈥苛擾：苛，為苛刻；擾，為騷擾。㈦疲：疲勞也。㈧吏濁：官吏庸碌貪污也。㈨馭：音ㄩˋ，駕馬為馭，駕車為御。此處馭字有管理治理之意。

【今譯】文王問太公：我願聞治國的要道，如何能使君上為人民所愛戴？如何能使人民生活安樂？

太公對說：治國要務，以愛民為先。

文王問：愛民的方法如何？太公對說：使人民獲得利益，勿加以損害。助成其工作，勿加以破壞。給與以生存之機，勿加以殺害。多賜與人民，勿加以侵奪。使人民安居樂業，勿加以困苦。使人民喜悅，勿使其怨怒。文王於是請太公解釋其內容如何？太公對說：使人民不失其工作，即所以利之。使農民不失其耕耘收穫的時間，即所以成之。薄收其賦稅，即所以與之。儉於興建宮室臺榭以節省民力，即所以樂之。官吏清廉，不苛刻擾民，即所以喜之。如果與此相反。使人民失去其工作，即有如加他們以損害。使農民失去其耕耘收穫的時間即有如加他們以破壞。對人民無罪而加以懲罰，即有如加他們以殺害。重收人民的賦稅，即有如侵奪他們的財物。多營建華麗的宮室臺榭以疲勞民力，即有如增加他們的困苦。官吏庸碌貪污苛刻擾民，則足以增加他們的怨怒。所以善於治國的君主，其治理人民，如父母之愛其子女，兄長之愛其弟妹，見其饑寒則為之憂慮，見其勞苦則為之哀傷。加於人民的賞罰，如加於自己的身上。收取人民的賦稅，如奪取自己的資財。凡此種種，都是為愛民重要的道理。

「解」：本章為政治戰略中內政政策第二篇。國務以愛民為第一，目的在爭取人民心理的歸向，兼以培養革命的國力。所以內政的要務，應以愛民為中心。

大禮第四（論內政政策之三——君臣之分際與修養）

一、人君要監臨人民洞察萬方。

二、臣下要服從君上誠實無隱。

文王問太公曰：君臣之禮如何？太公曰：為上惟臨㈠，為下惟沉㈡。臨而無遠㈢，沉而無隱㈣。為上惟周㈤，為下惟定㈥。周，則㈦天也。

定，則地也。或天或地，大禮乃成。

文王曰：主位㈧如何？太公曰：安徐㈨而靜，柔節㈩先定。善與⑪而不爭。虛心平志⑫，待物以正。

文王曰：主聽如何？太公曰：勿妄⑬而許，勿逆⑭而拒。許之則失守⑮，拒之則閉塞。高山仰止⑯，不可極也。深淵⑰度之，不可測也。神明⑱之德，正靜其極⑲。

文王曰：主明⑳如何？太公曰：目貴明，耳貴聰，心貴智。以天下之目視，則無不見也。以天下之耳聽，則無不聞也。以天下之心慮，則無不知也。輻輳㉑並進，則明不蔽㉒矣。

【今註】 ㈠臨：監臨也。㈡沉：下沉也，隱伏之意。㈢遠：遠隔之意。㈣隱：蔽也，隱瞞之意。㈤周：普遍之意。㈥定：安定之意。㈦則：效法也。㈧位：處位之意。㈨安徐：徐緩安詳之意。㈩節：有節度也。⑪與：施與也。⑫平志：平靜心志。⑬妄：亂也，有輕率之意，如姑妄言之。⑭逆：迎也，有迎頭之意。⑮守：此處作中心主宰解。⑯止：為語助詞。⑰淵：水之深潭也。⑱神明：為神聖英明之意。（二九）極：頂點之意。（三〇）明：有頭腦清明、洞明全局之意。（三一）輻輳：輻，音ㄈㄨˊ，為車輪上支持輪圈之木條；輳，音ㄘㄡˋ，為上述木條之一端輳聚於輪中心也。輻輳，是指由各方而來之人和事集於中心之意。（三二）蔽：遮蔽也。

【今譯】 文王問太公：君臣間之分際如何？太公對說：為君上的，主在處上而監臨；為臣下的，主在處下而沉伏。監臨，需要接近而不可疏遠；沉伏，需要忠實而不可隱瞞。為君上的，不僅要監臨周到，還需要普施德惠；為臣下的，不僅要忠實無隱，還需要安定行事。普施德惠，是效法天之普降恩澤於萬物；安定行事，是效法地之孳生與培育萬物。效法天地之道，就可明定君臣間之大禮了。

文王問：人君處位之道如何？太公對說：人君臨朝處事，要寧靜而安詳，溫和而有節度，不可浮氣躁急，剛愎自用。多施與而少自爭取。虛心靜氣以待人，不可驕矜而執己見；公正持平以接物，不可偏倚而逞私心。

文王問：人君聽言之道如何？太公對說：人君聽人之言，不可輕率加以允許，也不可迎頭就加拒絕。輕率允許，就失去自己心中之主宰；迎頭拒絕，就閉塞臣下爾後之進言。人君的氣度，要如高山一樣，使人仰望不能窺見其巔峰；要如深淵一樣，使人俯視不能測度其底壑。養成神聖英明的君德，經常保公正寧靜為其極則。

文王問：人君要想內心清明，洞明全局，其道如何？太公對說：目貴乎明。明，故能視。耳貴乎聰。聰，故能聽。心貴乎智。智，故能知。人君以天下之目視，則天下之事無所不見。以天下之耳聽，則天下之事無所不聞。以天下之心慮，則天下之事無所不知。天下之情，由四面八方會集於君上，則人君之明自不至於壅蔽了。

「解」：本章為政治戰略中內政政策之第三篇，內容是敘述君臣間之分際與修養，分為四段。第一段是敘述內政組織的原理和君臣應遵守的法則。太公對於為君之道提出一個臨字和一個周字；對於為臣之道提出一個沉字和一個定字，確是非常重要而明白，這都是太公觀察天地之道所得來的。我們看：天道除臨與周外，就沒有第三種事；同樣的地道也是如此。為君上的，若除臨與周外去躬親細事，則臣下將不知所為。為臣下的，若不沉伏而安定，事事想表露自己之作為，則國政必致紊亂。所以臨與沉，確為君臣間分際之良好守則。而周與定，則為施政之中心要旨。現在之分層負責制度，與一切行政都是以增進人民生活為中心，即含有此四個字的意義，但卻沒有像太公那樣說得簡單而明白。

本章第二段是敘述人君處位的方法。第三段是敘述人君聽言的方法。第四段是敘述人君保持清明在躬和洞明全局的方法。都是人君在修養上和領導上重要的準則。

明傳㈠第五（論內政政策之四——人君領導學之二）

一、人君持躬要柔而靜恭而敬強而弱忍而剛。

二、義勝慾則昌慾勝義則亡敬勝怠則吉怠勝敬則滅。

文王寢疾㈡，召太公望，太子發㈢在側。嗚呼？天將棄㈣予。周之社稷㈤，將以屬㈥汝。今予欲師㈦至道㈧之言，以明傳之子孫。太公曰：王何所問？文王曰：先聖㈨之道，其所止㈩，其所起⑪，可得聞乎？太公曰：見善而怠⑫，時至而疑⑬，知非而處⑭，此三者，道之所止也。柔⑮而靜，恭而敬，強而弱，忍而剛，此四者，道之所起也。故義勝欲⑯則昌，欲勝義則亡；敬勝怠則吉，怠勝敬則滅。

【今註】㈠明傳：為明白傳授之意。㈡寢疾：臥病在牀也。㈢太子發：即武王姬發。㈣棄：遺棄之意。㊄社稷：社為土地之神；稷為穀神。古代天子與諸侯，皆奉土地神與穀神為其統治權之象徵，故立廟以祭祀之，稱為社稷。《白虎通義》社稷條說：「王者所以有社稷者何？為天下求福報功也。人非土不立，非穀不食。故封土立社，示有土地；稷，五穀之長，故立稷而祭之。」所以社稷二字，在古代即用以為國家的代表。社稷，即國家也。㊅屬：歸屬之意。㊆師：師法之意。㊇至道：至高的道理。㊈先聖：古代聖賢也。㊉止：此處作熄滅解。⑪起：興起也。⑫怠：怠惰也。⑬疑：疑惑不前之意。⑭處：停留之意。⑮柔：溫和之意。⑯欲：私欲也。

【今譯】文王臥病在牀，召太公望和太子發到牀前，並對他們說：我病沒有起色，恐天將遺棄我了。周國的社稷，即將歸汝（指太子發）來主持。現在我要師法古代聖賢的至道之言，明白傳授給子孫，如何？

太公問：王問先聖至道之言，究竟何所指呢？文王說：我願聞古代聖賢之道，何以有所興起，何以有所熄滅？太公對說：凡人見了善事而怠惰於實行，逢到時機到來而遲疑不前，明知不善之事而流連不返，此三者，道之所以熄滅也。凡人能謙和寧靜以持躬，恭敬謹慎以待人接物，強而能弱以容人，忍而能剛以處事，此四者，道之所以興起也。所以義理勝於私慾，其國必然昌盛，私慾勝於義理，其國必趨衰亡；恭敬勝於怠惰，遇事必能嘉吉，怠惰勝於恭敬，遇事必將敗滅。

「解」：本章為政治戰略內政政策之第四篇，亦為人君領導學之二。其內容是文王請太公陳述道之所以興衰，藉以告誡太子發的。其要義為：立身持躬，必須要柔而靜，恭而敬，強而弱，忍而剛。而且要時時儆惕：義理勝於私慾則昌，私慾勝於義理則亡；恭敬勝於怠惰則吉，怠惰勝於恭敬則滅之箴言，始能擔承國家大業之重任。

六守第六（論人事政策與經濟政策）

一、人事政策注重六守的考核。

二、經濟政策注重農工商分區的組織。

文王問太公曰：君國主民者㊀，其所以失之者何也？太公曰：不謹所與㊁也。人君有六守三寶㊂。

文王曰：六守何也？太公曰：一曰仁㊃，二曰義㊄，三曰忠㊅，四曰信㊆，五曰勇㊇，六曰謀㊈，是謂六守。文王曰：謹擇六守者何也？

太公曰：富之而觀其無犯㊉，貴之而觀其無驕；付㊁之而觀其無轉⑫；使之⑬而觀其無隱；危之而觀其無恐；事之⑭而觀其無窮⑮。富之而不犯者仁也；貴之而不驕者義也；付之而不轉者忠也；使之而不隱者信也；危之而不恐者勇也；事之而不窮者謀也。

人君無以三寶借⑯人，借人則君失其威。文王曰：敢問三寶？太公曰：大農，大工，大商，謂之三寶。農一其鄉則穀足，工一其鄉則器足，商一其鄉則貨⑰足。三寶各安其處，民乃不慮。無亂其鄉，無亂其族。臣無富於君，都⑱無大於國⑲。

六守長⑳，則君昌。三寶全，則國安。

【今註】①君國主民者：君字與主字均作動詞用；君國，治理國家也；主民，主持治民之事也。②所與：與，同也；所與，是指所共同工作的人員和建立的事業。③六守三寶：六守，係指六項應遵守之事項；三寶，是指三項應寶貴之事項。④仁：為仁愛之心。⑤義：為合理之行為。⑥忠：為竭盡心與力以工作之意。⑦信：為誠實不欺。⑧勇：為勇敢不懼。⑨謀：為足智多謀。⑩犯：踰越禮法也。⑪付：付託之意。⑫轉：轉變也。⑬使之：使其處事也。⑭事之：使其處理事變之意。

㊄無窮：能應付萬變不致窮竭之意。㊅借：給與他人也。㊆貨：貨財也。㊇都：都邑也，是國都以外城邑之稱。㊈國：國都也。古代國家，人口寡少，土地狹小，都是以國都為一個國家，即所謂「城國 City state」是也。㊉長：上聲，長大也，此處有發皇之意，如君子道長。

【今譯】文王問太公：凡是治理國家和人民的國君，都是想長久保有其國家的。為何他們會失去它呢？太公說：此乃由於他們不能選擇適當的人才和建立適當的事業之故。凡為人君者，必須注意六守以選擇人才，和謀畫三寶以經營事業。

「解」：本段是敘述國家之興衰，是由於國君能否選擇適當的人才和建立適當的事業之所致。是太公提出人事政策和經濟政策的引言。

文王問：何者謂之六守？太公對說：所謂六守者，就是一曰仁，二曰義，三曰忠，四曰信，五曰勇，六曰謀，六種德性。文王又問：如何能選擇到具備此六種德性之人呢？太公說：給他以財富，觀察他是否不踰越禮法。貴他以高爵，觀察他是否不驕傲陵人。付託他以重任，觀察他是否不轉變心意。任使他處理事務，觀察他是否不虛偽欺騙。使他當危難之任，觀察他是否能臨危不懼。使他處理事變，觀察他是否能應變不窮。富而不踰越禮法，是其心中存有天理之公，是即仁也。貴而不驕傲陵人，是其心中存有義理之明，是即義也。擔負重任而不轉變心意，是其心中存有忠誠之操，是即忠也。處理事務而能坦白無隱，是其心中存有誠信之行，是即信也。當危難之任而能臨危不懼，是其心中有勇往不屈之意，是即勇也。處理事變而能應變不窮，是其心中具有機智之略，是即謀也。以此六種方法去觀察人才，可以得到具有六守之人。

「解」：本段是敘述選擇人才與考核人才之方法，也是太公用人惟才的人事政策。

太公說：人君不可將處理三寶之權給與他人；給與他人，則人君將喪失其權威。文王問：何者謂之三寶？太公對說：三寶乃是大農大工大商三種經濟組織。為農者使其聚居於一鄉，互助以耕耘，則野無曠土，糧食自然豐裕。為工者使其聚居於一鄉，相輔以工作，則工具互通，器用自然充足。為商者使其聚居於一鄉，有無以相濟，則資財流轉，貨業自然充盈。大農大工大商三種經濟組織，區分為三個區域各安其處，則人民各安其業，生活豐裕，自然心無他慮了。為保持此種經濟組織的安定與發展，人民不使亂處其鄉，亂處其族。此為三寶經濟制度之概略。三寶經濟之權，掌於國君。臣下不使其財富大於其君上，都邑不使其範圍大於其國都，則國家之基礎穩固，政局自然安定了。

「解」：本段是敘述太公新發明的一種三寶經濟制度，也是他輔佐文王武王治理周國的經濟政策。經濟制度而稱之為寶，可見太公對於經濟力的培養，是十分重視的。原來周國不過百里方圓之土地與十餘萬之人口，以之與殷紂王朝相抗衡，強弱迥異。若無適當的經濟力量之支持，是決難望其成功的。所以培養周國的經濟力，實為準備革命戰爭的首要之務，此其所以稱之為寶也。我們仔細分析此種農工商分區的經濟制度，就是現在的都市城鄉計畫裏，劃分為農業區、工業區、商業區的制度。此種制度的好處，就是在同業間可以互助合作，交相扶助。農業區裏，可以作農具、勞力、耕獸、灌溉、倉儲等合作。工業區裏，可以作工具、勞力、原料、技術等合作。商業區裏，可以作資金、信用、商品、運銷等合作。如此則野無曠土，室無閑人，市無游資，生產自然增加，經濟自然發皇，國力自然增厚了。古代的城國，一個國家，就是現在的一個城市和四鄉。所以太公的三寶經濟計畫，是和我們現在的都市計畫是相同的。我們真沒有想到太公在三千多年以前，就發明此種經濟分區的制度，到現在還可以作為我們劃分城鄉經濟區分的準則。太公的智慧，真是值得我們欽佩了。以後周國就依此建設，十七年後，就能出兵四萬五千人，遠征千里之外的商郊牧野以獲得勝利，皆太公之經濟計畫有以助之也。後來到了春秋時代，齊國管仲，師法此種制度作內政以寄軍令，遂使衰亂的齊國，一變而為五霸之首。可見經濟制度之良否，其影響於國家盛衰之重大也。

太公說：具有六守之賢才眾多，則君道昌盛。三寶之經濟制度完備，則國力充足。人才盛而國力足，國家自然可以長治久安了。

「解」：本段是總結全章，國君能任用賢才與培養國力，國家自然能保持長治久安。正以回答文王所提國君何以會亡國的問題。

本章為政治戰略中之人事政策與經濟政策，為本書重要的一章。

守土第七（論守國的內外政策）

一、守國在對外施行仁義對內事權專一。
二、守國不在山谿之險兵革之利而在得道多助。
三、順者任之以德逆者絕之以力。

文王問太公曰：守土㈠奈何？太公曰：無疏其親㈡，無怠其眾㈢，撫其左右㈣，御㈤其四旁㈥。

無借人國柄㈦。借人國柄，則失其權。無掘壑㈧而附丘㈨，無舍本而治末。日中必彗㈩，操刀必割，執斧必伐(一一)。日中不彗，是謂失時。操刀不割，失利之期。執斧不伐，賊人將來。涓涓(一二)不塞，將為江河。熒熒(一三)不救，炎炎(一四)奈何？兩葉(一五)不去，將用斧柯(一六)。是故人君必從事於富。不富無以為仁，不施無以合親。疏其親則害，失其眾則敗。無借人利器⑰。借人利器，則為人所害而不終於世。文王曰：何謂仁義？太公曰：敬⑱其眾，合其親。敬其眾則和，合其親則喜，是為仁義之紀⑲。無使人奪汝威。因其明⑳，順其常㉑。順者㉒任之以德，逆者㉓絕之以力。敬之㉔勿疑，天下和服。

【今註】 ㊀守土：守周國之土，即守國也。㊁親：指宗族、盟友各邦而言。㊂眾：指天下之人而言。㊃左右：指左右鄰邦而言。㊄御：控御也。㊅四旁：指四方各邦而言。㊆國柄：為國家之政權。㊇壑：深谷也。㊈丘：小山也。㊉彗：曝曬之意。⑪伐：斫伐也。⑫涓涓：為水之細流。⑬熒熒：小火光也，如星光燈光。⑭炎炎：大火也。⑮兩葉：為樹苗芽胞之兩葉。⑯斧柯：斧與柄也。⑰利器：快利的武器。⑱敬：恭敬相待之意。⑲紀：為紀綱準則之意。⑳因其明：因，為依循之意。因其明，為依循現在之明德。㉑順其常：順其常理也。㉒順者：為順從之人。㉓逆者：為抗拒之人。㉔敬之：恭敬而行也。

【今譯】 文王問太公：防守國土之方法如何？太公對說：不可疏遠宗親盟友之邦，不可怠慢天下之眾。安撫左右之鄰，控御四方之遠。

「解」：本段為守國的對外政策。

對內：第一，要事權專一。人君治國之權不可給與他人。如給與他人，人君就失去其權力。第二，要處事有重點。不可掘已深之壑，增已高之丘，舍棄根本，追逐枝葉。第三，要把握時機。如太陽在正中時，為曝曬之良機；手中持有利刀時，為割物之良機：持有利斧時，為伐木之良機。如在此種時機不曬、不割、不伐，則將失去良機，無法補救。或反受其害。第四，要不可忽略細小之事。涓涓的細流不加堵塞，則將成為江河之水。星星的細火不加撲滅，則將成為熊熊大火。一顆芽胞的兩葉初生，如不加以擷除，將來長成合抱之樹，必須用斧斤來砍伐了。第五，要在經濟上求國之富。不富無以廣施仁惠，不施仁惠，無以合親而和眾。親族疏而眾心離，則足以致敗。第六，不可將克敵制勝的快利武器給與他人。將利器給人，則將受其害。

「解」：本段為守國的對內政策。

文王問：然則如何來施行仁義呢？太公對說：恭敬待天下之眾，誠心合宗族盟友之親。恭敬待眾則眾心和，誠心合親則親族喜，是為施仁行義之準則。不要使人奪去你的權威，要依循已有的明德，順著常理以行事。對天下之順從者，信任他並給他以德惠。其有抗拒者，則征伐他以武力。如此敬慎而行之，則天下之人自然和順而服從了。

「解」：本段總結上文對外對內施行仁義以守國土之方法。

本章為政治戰略中為守國之內外政策。太公之守國政策，是對外施行仁義，對內鞏固政權。外施仁義，則宗親盟友以及四方鄰國互相親愛，天下人民自然歸心。內固政權，則事權專一，政令順行，國勢自然雄壯強盛。如此則土可守而國可安了。孟子說過：「域民不以封疆之界，固國不以山谿之險，威天下不以兵革之利。得道者多助，多助之至，天下順之。」孟子之意，是說對外如能多施仁義，不必全賴封疆之界，山谿之險，與兵革之利，而國自可守而安。此與太公之意完全相同。不過太公除外施仁義外，還要內固政權，勤修內政，振興經濟，密研利器，以求國力壯盛，始能對順從者施以德惠，而對抗拒者絕之以力也。所以太公是一位政治實行家，他注意強壯自己，然後推仁惠於別人。以後孔子稱文王，三分天下有其二。這就是說，文王雖祇是一個周國的國君，卻能得到天下三分之二的信仰和順從。此皆由於太公守國之言有以致之也。

守國第八（論革命之發動）

一、內容為革命發動而標題為守國避忌諱也。
二、聖人以天地為心革命為除暴救民。
三、革命之機發於陰會之必以陽。

文王問太公曰：守國㈠奈何？太公曰：齋，將語君天地之經㈡，四時所生，仁聖之道，民機㊂之情。王齋七日，北面再拜而問之。太公曰：天生四時，地生萬物。天下有民，聖人牧㊃之。故春道生，萬物榮；夏道長，萬物成；秋道斂㊄，萬物盈；冬道藏，萬物靜。盈則藏，藏則復起。莫知所終，莫知所始。聖人配之，以為天地經紀㊅。故天下治，仁聖藏㊆，天下亂，仁聖昌㊇，至道其然也。聖人之在天地間也，其義㊈固大矣。因其常㊉而視之，則民安。夫民動而為機，機動而得失爭矣。故發之以其陰(一一)，會之(一二)以其陽(一三)。為之先倡(一四)，而天下和之。極(一五)反其常，莫進而爭，莫退而遜(一六)。守國如此，與天地同光。

【今註】㊀守國：本章之言守國，乃革命建國之意，與前章防守國土之意義不同。其所以用守國二字為題，乃故為隱晦之辭以掩蔽其內容耳。㊁經：常道也。㊂機：機變之意。㊃牧：原義為牧牛牧羊之牧，引伸為治理之意。㊄斂：收斂也。㊅經紀：為經理其事之意。㊆藏：為隱藏不顯也。㊇昌：為顯現之意。㊈義：意義也，此處有責任之意。舊本訛作寶字。㊉常：常態之意。(一一)陰：

為陰暗隱祕之處。㊁會之：會合之意。㊂陽：光明正大也。㊃倡：倡導也。㊄極：終極也。㊅遜：退讓也。

【今譯】 文王問太公：建立國家之道如何？太公說：請先戒齋以正思慮。我將告君以天地經常之理，四時之所生，以及聖賢之道與人民機變之情。文王乃戒齋七日，北面再拜而問之。

「解一」：本段為敘述建國之道的引言。

太公說：自古聖人建國之道，都是依照天地之理。天有四時之運行，地有萬物之孳生，天下有人民，而以聖人為君以治之。天地之道是：春道主生，使萬物繁榮；夏道主長，使萬物成長；秋道主斂，使萬物滿盈；冬道主藏，使萬物安靜。萬物盈則須收藏；藏至春道至，則又起而復生。如此四時迭運，周而復始，不知其所終，不知其所始。聖人之治理人民，乃是配天地之道以為其紀綱也。所以在天下平治之時，天時與萬物皆井然有序而運行，仁聖之功，隱而不顯。到了天下擾攘之秋，天災人禍頻生，人民陷於疾苦之中，則必須有仁聖之人，起而正天地之綱紀，救人民於水火，此乃至道之理使然。

「解一」：本段是敘述聖人是配天地之道以治理人民。如人民陷於疾苦之中，則聖人必須起而正天地之綱紀，救人民於水火，此為聖人革命之動機。

所以聖人之在天地間，其意義至為重大。因之，其行動必須與時勢之變化相適應。天下之形勢，若從外表上觀察，人民總是平靜而安定。但人民之內心如懷有怨怒與憤恨，則常為天下動亂之機。機動，天下自有得失之爭了。所以機的發動，最初總是在陰暗隱祕之處。你若要運用此機以正天地之綱常，你必須以正大光明的行動，揭出除暴救民的革命義幟以為天下倡始。天下之人，自然會雲合響應，起而作共同的努力也。此即所謂「發之以其陰，會之以其陽。為之先倡，而天下和之。」的意義。至於到最後天下形勢回復常態時，你不要進而爭其功，也不要退而遜其位。以此種風度來領導革命建國，你的盛德高風，就與天地同光了。

「解」：本段是敘述革命之機常發於陰，而革命行動，必出於陽。又在革命成功後，不可進而爭其功，但不可謙退而遜其位。位若遜去，則主權在人，將致前功盡棄。此太公之一再箴規國柄不可以與人，即是此意也。

本章為政治戰略中最重要之一章，其內容是研究革命的發動。聖人之發動革命，乃是體天地孳生萬物之理，而自己負有愛護人民的責任，在天下擾攘，人民困於虐政之際，起而作救民之舉，實為一種責任所在不得已之措施，並非為好亂的野心所驅使而為也。所以太公首先說出天地之道與聖人所負之責任。其次太公說天下治，仁聖藏；天下亂，仁聖昌。這正是明告文王，現在天下已亂，乃是聖人起而革命，盡其保育人民之責的時機了。

其次說到機字。革命乃是兵戎相見和干戈相殺之事。其進行間，不免擾害及於人民。太公《陰符經》說：「天發殺機，龍蛇起陸。人發殺機，天地反覆。」革命所以拯救人民，乃轉變成為殺機以擾害人民，所以要講求盡力縮短其時間，一舉而成功。因之，講求這個機和把握這個機，為革命行動首要之事。我國古代聖賢，都很著重於這個機字的研究。易經一書，就是研究機的寶典。

它的六十四卦和三百八十四爻，都是象和機的變化。易傳說：知幾其神乎。又說吉凶悔吝生乎動。此幾和動，皆是機也。至於軍事上的兵機，研究之書更多，可見我國古代聖賢對於機的注重了。機，常是起於隱微細小之處而為常人所忽視。惟有上智之人，始能洞見於無形，聆聽於無聲，所以能成就其聖賢的事業。革命之機，在於人內心的變動。所以太公說：「民動而為機，發之以其陰，會之以其陽。」這可說是革命者一種見機握機寶貴的箴言。古人說，當機立斷，見義勇為。太公以傾覆商政的革命大業，要小小的周國國君來負荷，此其所以要文王齋戒七日始能傾吐其胸臆也。

本章內容為研究革命的發動，而標題為守國；全章文字晦澀難解，這可能在當時為保密。但也含有為避免後人倣此而倡亂，為害於天下，所以故意作此晦澀難解之辭句以隱藏之。太公兵法之難讀難解，亦即在此。

上賢第九（論人事政策之一）

一、考核人和事注意六賊七害。

二、人君要嚴格執行人事政策。

文王問太公曰：王人㈠者，何上何下，何取何去，何禁何止？太公曰：上賢，下不肖。取誠信，去詐偽。禁暴亂。止奢侈。故王人者有六賊七害㈡。

文王曰：願聞其道。太公曰：夫六賊者：

一曰：臣有大作宮室池榭，遊觀倡樂㈢者，傷王之德。

二曰：民有不事農桑，任氣遊俠㈣，犯陵㈤法禁，不從吏教者，傷王之化。

三曰：臣有結朋黨㈥，蔽賢智，障㈦主明者，傷王之權。

四曰：士有抗志高節，以為氣勢；外交諸侯，不重其主者，傷王之威。

五曰：臣有輕爵位，賤有司㈧，羞為上犯難㈨者，傷功臣之勞。

六曰：強宗㈩侵奪，陵侮㈡貧弱，傷庶人㈢之業。

七害者：

一曰：無智略權謀，而重賞尊爵之。故強勇輕戰[一三]，僥倖於外，王者謹勿使為將。

二曰：有名無實，出入異言[一四]，掩善揚惡[一五]，進退為巧，王者謹勿與謀。

三曰：樸[一六]其身躬，惡其衣服，語無為[一七]以求名，言無欲[一八]以求利，此偽人也，王者謹勿近。

四曰：奇其冠帶，偉其衣服；博聞辯辭[一九]，虛論[二〇]高議[二一]，以為容美[二二]；窮居靜處，而誹[二三]時俗[二四]，此奸人也，王者謹勿寵[二五]。

五曰：讒佞[二六]苟得[二七]，以求官爵；果敢輕死，以貪祿秩；不圖大事，貪利而動；以高談虛論，悅於人主，王者謹勿使[二八]。

六曰：為雕文㉙刻鏤㉚，技巧華飾㉛，而傷農事，王者必禁。

七曰：偽方㉜異技㉝，巫蠱㉞左道㉟，不祥之言㊱，幻惑良民，王者必止之。

故民不盡力，非吾民也。士不誠信，非吾士也。臣不忠諫，非吾臣也。吏不平潔愛人，非吾吏也。相㊲不能富國強兵，調和陰陽㊳，以安萬乘之主㊴，正羣臣，定名實，明賞罰，樂萬民，非吾相也。

夫王者之道，如龍首㊵，高居而遠望，深視而審聽㊶，示以形，隱其情。若天之高，不可極也；若淵之深，不可測也。故可怒而不怒，奸臣乃作㊷。可殺而不殺，大賊乃發。兵勢不行，敵國乃強。

文王曰：善哉！

【今註】 ㊀王人：為君王所用之人，即現在之公務員或官吏。㊁六賊七害：六賊，為六項賊害國家之事；七害，為七種賊害國家之人。㊂倡樂：為娼優之樂。㊃遊俠：為遊行之俠士。㊄陵：侵犯也，舊本作歷字，訛。㈥朋黨：結成黨羽也。㈦障：障蔽也。㈧有司：有職掌之官也。㈨為上犯難：為君上冒危難之事。㈩強宗：為強大之宗族。⑪陵侮：欺侮之意。⑫庶人：人民也。⑬輕戰：輕率於戰事也。⑭異言：前後不同之言辭。⑮掩善揚惡：不稱讚他人的善事，專講他人的壞事。⑯樸：樸素也。⑰無為：一切任其自然之意，以後老子就衍為清靜無為的道家學派。但在太公時代，不過有此種學說而已。⑱無欲：無私欲之意。⑲辯辭：善辯論的言辭。⑳虛論：空虛不實的言論。㉑高議：高遠的議論。㉒容美：裝飾外表之意。㉓誹：誹謗也。㉔時俗：時尚的風俗。㉕寵：信任也。㉖讒佞：為進讒言善逢迎之小人。㉗苟得：苟且以獲得之意。㉘使：任用也。㉙雕文：為建築物之浮雕刻像。㉚刻鏤：刻於竹木上曰刻；刻於金屬上曰鏤。刻鏤為建築物上之平刻花紋。㉛華飾：華麗的裝飾。㉜偽方：偽造配藥之方，如煉丹等。㉝異技：詭異的技術。㉞巫蠱：能用符咒之術曰巫；能用毒蠱之術曰蠱。㉟左道：不正之道也。㊱不祥之言：妖言也。㊲相：宰相也。㊳調和陰陽：調和天地之陰陽，使雨暘時若。㊴萬乘之主：指天子也。㊵龍首：龍為見首不見尾之神物，取龍以象徵君道，乃是人君具有不測之威之意。㊶審聽：仔細的聽也。㊷作：興起也。

【今譯】 文王問太公：國君所用之人，何種人應居上，何種人應居下，何種人應取用，何種人應除去，何種事應禁，何種事應止？太公對說：賢者使居上位，不肖者使居下位，取用誠信之人，除去詐偽之人，禁暴亂之行，止奢侈之事。所以國君用人之際，應注意六項賊害的事，和七種賊害的人。

「解」：本段為討論人事政策的引言。

文王問：何謂六項賊害之事和七種賊害之人？太公對說：所謂六項賊害之事：

一曰：臣下有大營宮室亭池臺榭，從事於遊觀娼優之樂的，則損害了王之德。

二曰：人民有不事農桑之業，任血氣之勇遊俠於各地，犯法違禁，不聽官吏之教的，則損害了王之化。

三曰：臣下有交結朋黨，壅蔽賢智之士，障塞人君之明的，則損害了王之權。

四曰：士人有抗志不屈，自負高節以為氣勢；外則私與諸侯交結，不尊重其主的，則損害王之威。

五曰：臣下有輕人君所給之爵位，賤視官守之職責，而以與君上冒險犯難為羞恥的，則損害了功臣之勞。

六曰：強宗大族，互相侵奪，並且陵侮貧弱，則損害了人民之業。

至於所謂七種賊害之人：

一曰：無智略權謀的人，給以重賞尊爵。因之強勇輕戰之人，都求僥倖以立功，人君切勿以此種人為將。

二曰：徒負虛名而無實際才能，出入言辭前後不同，掩蓋他人的善事，宣揚他人的惡處，進退投機取巧。此種人，人君切勿與之謀議。

三曰：外表樸素，衣服粗簡，開口言無為之道而實以求名；閉口言無慾之德而實以求利。此種虛偽之人，人君切勿與之接近。

四曰：奇異其冠帶，壯偉其衣服，有廣博的見聞，善辯給的辭令，虛論高議以自矜飾；窮居靜處時，則誹謗時俗。此為奸詐之人，人君慎勿加以寵信。

五曰：諂媚逢迎，祇圖苟得以求官爵；魯莽躁急，輕率冒死以貪秩祿，見利妄動，罔顧全局，以浮誇之言取悅於人主。此種人，人君慎勿加以任使。

六曰：為雕文刻鏤與技巧華飾之營建工程，致傷害於農事者，人君必須加以禁止。

七曰：以虛偽的丹方，詭異的邪術，以及用巫蠱左道，符籙咒語，妖妄之言，以欺騙善良人民者，人君必須加以禁止。

所以人民如果不能盡力為國家服務，不是我國的人民。士人不能誠信以奉上，不是我國的士人。臣僚不能忠諫以奉公，不是我國的臣僚。官吏不能公正廉潔以愛民，不是我國的官吏。宰輔不能富國強兵，調和天地之陰陽使雨暘時若，以使人君安寧，羣臣正位，名實正覈，賞罰修明，萬民悅樂，不是我國的宰輔。

「解」：本段是敘述考核人和事的項目和方法。

為人君之道，有如神龍之顯露其首，高居而遠望，視深而聽審。外示莊嚴肅穆的威儀，不露喜怒憂樂的情意。如天之高，不可窮極；如淵之深，不可測度。使臣下望之生敬畏之心，不敢苟懷奸邪之念。人君對於應怒之人而不怒，則奸邪將生懈怠玩忽之心；對於應殺之人而不殺，賊人將起怙惡為亂之念；對於應行討伐之國而不加討伐，則敵國將興覬覦侵奪之意了。文王說：善哉公言！

「解」：本段係敘述人和事考核後人君處理的態度。

本章為政治戰略中人事政策之第一篇。人事政策共三篇：本篇為人和事的考核；舉賢第十為進用賢才；賞罰第十一為人才之獎懲。

舉賢第十（論人事政策之二）

一、選用賢才不以世俗毀譽為準。

二、按官職薦賢務按名督實。

文王問太公曰：君務舉賢，而不能獲其功。世亂愈甚，以致危亡者，何也？太公曰：舉賢而不用，是有舉賢之名而無用賢之實也。文王曰：其失㈠安在？太公曰：其失在君好用世俗之所譽㈡而不得其賢也。文王曰：何如？

太公曰：君以世俗之所譽者為賢，以世俗之所毀㈢者為不肖。則多黨者進，少黨者退。若是則羣邪比周㈣而蔽賢㈤，忠臣死於無罪，奸臣以虛譽取爵位。是以亂愈甚，則國不免于危也。

文王曰：舉賢奈何？太公曰：將相分職，而各以官名舉人㈥。按名督實㈦，選才考能㈧，令實當其能㈨，名當其實㈩，則得舉賢之道也。

【今註】㈠失：錯誤也。㈡譽：稱譽讚美之意。㈢毀：譭謗也。㈣比周：結黨營私也。㈤蔽賢：遮蔽賢才也。㈥以官名舉人：依官職薦舉任職之人。㈦按名督實：按官職之名考核其適任的才能。㈧考能：考核其能力。㈨實當其能：實學與其能力相當。㈩名當其實：職名與其實學相當。

【今譯】文王問太公：人君盡力於舉用賢才，但實際上常不能獲得賢才輔佐之功。世局更益混亂，漸有陷於危亡之禍者，何也？太公對說：選賢才而不能加以任用，是空有舉賢才之名，而沒有用賢才之實也。

「解」：本段為人事政策中進用賢才之引言。

文王問：究竟其錯誤何在呢？太公對說：其錯誤在於人君喜歡任用世俗所稱譽的人，而不能得到真正的賢才。文王問：其說如何？

太公對說：人君常以世俗所稱譽者為賢才，而以世俗所詆譭者為不肖。因此，能多結朋黨互相標榜以造成世俗讚譽之人就被進用；少結朋黨不能造成世俗讚譽之人就被退黜。如此，則一羣奸邪之人，結黨營私以障蔽賢才。忠藎之臣，皆被讒言譖譭而死於無罪；奸邪之臣，以虛譽相結而取得爵位。是以世亂愈甚，而國家亦不免於危亡也。

「解」：本段係敘述以世俗毀譽取用賢才，不能得到真正的賢才。

文王又問：然則舉用賢才之道究竟如何呢？太公對說：舉用賢才，使將帥與宰輔分別薦舉，而各以所需要的官職來推舉人選；按官職以督責其實學。凡選取賢才和考核其能力時，必須要實學與才能相當，職位與實學相當。如此，則可得到舉用賢才的實效了。

「解」：本段係敘述將相分別推薦賢才，按名督實以任用賢才，則可得到任用賢才的實效。

賞罰第十一（論人事政策之三）

一、賞罰貴乎公平。

二、尤要在信賞必罰。

文王問太公曰：賞所以存勸㈠，罰所以示懲㈡。吾欲賞一以勸百，

罰一以懲眾，為之奈何？

太公曰：凡用賞者貴信㊂，用罰者貴必㊃。賞信罰必於耳目之所聞見，則不聞見者莫不陰化㊄矣。夫誠暢㊅於天地，通於神明㊆，而況於人乎。

【今註】㊀存勸：存勸善之道也。㊁示懲：示罰惡之道也。㊂信：確實之意。㊃必：必行之意。㊄陰化：陰，暗中也。陰化，暗中感化之意。㊅暢：通暢也。㊆神明：神靈也。

【今譯】文王問太公：獎賞所以存勸善之意；懲罰所以示罰惡之意。我欲賞一人以勸百人為善；罰一人而使眾人知戒惡。其道如何？

太公對說：凡獎賞貴乎必信，懲罰貴乎必行。信賞必罰，始能收到賞罰的效果。如果信賞必罰能施行於耳目所能聞見之地，則耳目所不能聞見之地，自然也會暗中受其感化而行善戒惡了。信賞必罰，乃是人君誠心之所施為。誠心可以上通於天地，暢達於神明，而況於人，也有不受其感化而同趨於為善耶。

「解」：本章係論人事政策之賞罰。賞罰貴乎公平，尤要在信賞必罰。

第二篇　武韜（政治戰略之二）

發啓第十二（論國家戰略）

一、國家戰略依國家目標而決定。
二、王道戰略為最高之國家戰略。

文王在豐㊀，召太公曰：嗚呼！商王㊁虐㊂極，罪殺不辜㊃，公尚㊄助予憂民㊅，如何？

太公曰：王其修德，以下賢惠民。以觀天道：天道無殃，不可先倡㊆。人道無災，不可先謀。必見天殃㊇，又見人災㊈，乃可以謀。必見其陽㊉，又見其陰⑪，乃知其心。必見其外⑫，又見其內⑬，乃知其意。必見其疏(一四)，又見其親(一五)，乃知其情。

行其道，道可致也。從其門，門可入也。立其禮，禮可成也。爭其強，強可勝也。全勝不鬥，大兵無創(一六)，與鬼神通，微哉微哉。與人同病相救，同情相成，同惡相助，同好(一七)相趨，故無甲兵而勝，無衝機(一八)而攻，無溝塹(一九)而守。

大智不智，大謀不謀，大勇不勇，大利不利。利天下者，天下啟(二〇)之；害天下者，天下閉(二一)之。天下者，非一人之天下，乃天下之天下也。取天下者，若逐野獸，而天下皆有分肉之心。若同舟而濟(二二)。濟則皆同其利，敗則皆同其害。然則皆有以啟之，無有閉之也。

無取於民者，取民者也。無取民者民利之；無取國者國利之；無取天下者天下利之。故道在不可見，事在不可聞，勝在不可知，微哉微哉。鷙鳥(二三)將擊，卑飛斂翼，猛獸將搏(二四)，弭耳(二五)俯伏。聖有將動，必有愚色㉖。

今彼有商，眾口相惑。紛紛渺渺㉗，好色無極㉘。此亡國之徵㉙也。吾觀其野，草菅㉚勝穀。吾觀其眾㉛，邪曲㉜勝直㉝。吾觀其吏，暴虐殘疾。敗法亂刑㉞上下不覺。此亡國之時也。

大明㉟發而萬物皆照。大義發而萬物皆利。大兵發而萬物皆服。大哉聖人之德。獨聞獨見，樂哉。

【今註】㊀豐：周之國都，在今陝西省鄠縣東。㊁商王：即殷紂王。㊂虐：暴虐也。㊃不辜：為無罪之人。㊄公尚：即太公姜尚。㊅憂民：謀慮救天下之民也。㊆倡：創始也。㊇天殃：災變也；如水旱、霜雪、颱風、地震、山崩、河決等。㊈人災：如五穀不登，饑饉薦至，盜賊竊發，姦宄橫行，刀兵滋擾，疾疫蔓延等。㊉陽：公開陽明之面，如公開政論等。⑪陰：陰暗之面，如人君私生活等。⑫外：指外間之行動，如用人及行事等。⑬內：指內部之事，如家庭內之事等。⑭疏：疏遠之人或國等。⑮親：親近之人或國等。⑯創：傷殘也。⑰惡，好：均去聲。⑱衝機：衝為衝城之車，機為攻城用之機車。⑲溝塹：溝為濠溝，塹為環繞城牆之水溝。⑳啟：開也。㉑閉：塞也。㉒濟：渡水也。㉓鷙鳥：鷹之一種，猛禽也。㉔搏：音ㄅㄛˊ，搏鬥也。㉕弭耳：垂下兩耳之意。㉖愚色：愚人之形態也。㉗紛紛渺渺：紛紛，紊亂之貌；渺渺，無窮之貌。㉘好色無極：指紂王寵嬖妲己，作酒池肉林。㉙徵：徵候也。㉚菅：音ㄐㄧㄢ，野草也。㉛眾：指眾朝臣也。㉜邪曲：指紂王寵信奸邪費仲尤渾崇侯虎等。㉝直：指紂王之臣商容比干等。㉞亂刑：指紂王作大辟炮烙之刑。㉟大明：日光也。

【今譯】文王在豐邑都召見太公望，並嗟嘆著說：現在紂王殘暴已極，罪殺許多無辜之人。公尚助我籌謀拯救天下之人民，其道將如何？

「解」：本段係政治戰略中國家目標之提出。文王因殷紂暴政，憫人民處於水深火熱之中，決心作傾商革命以拯救人民，於是召太公望，共商革命的策略。

太公對說：王首要在修德，謙恭以禮賢下士，施惠以恩澤人民，以觀察天道與人事的向背。如果天道未降殃，不可先倡伐暴之議，人事無災變，不可先作興師之謀。必定要先見到天殃人災，乃可以進而籌謀。還要觀察他：

在公開方面所施的政令，是否愛護人民，抑或暴虐人民；

在私人生活方面，是否是恭敬持躬，抑或淫靡放蕩。

由此可以知道他內心的主宰。

在外面施政所用的人物，是否公正廉明，抑或是庸劣貪污；

在內部所信任的人物，是否是才德兼備，抑或是諂媚逢迎，結黨營私。

由此可以知道他內心的趨向。

從其所疏遠方面，是否是心懷誠懇；抑或是待機叛離；

又觀察其所親近方面，是否是忠誠不二，抑或是朋比自私。

由此可以知道其國內之政情。

「解」：本段係依國家目標所作敵情判斷應分析之項目，乃是敵情判斷之原則。

其次研究進行方法。依一定程式以行道，道可得而致。遵一定路徑以求門，門可得而入。順一定次序以立禮，禮可得而成。知一定方法以爭強，強可得而勝。（甲）

戰爭在於運用智慧以制勝敵人，所以上智之人，能以不鬥而全勝，無殺傷而完師。此種智慧，精微莫測，殆與鬼神相通。凡人皆有同情仁愛之心。你若能愛護敵人如同自己家人一樣，有病加以救治，困難助其克服，厭惡助其驅除，喜好助其獲取。如此則無人我之分，自然可以無甲兵而勝利，無衝機而攻取，無溝壍而守禦了。（乙）

大智的人，運智慧於無形之中，所以人不見其智。大謀的人，運籌謀於未然之前，所以人不見其謀。大勇的人，消敵力於未遇之初，所以人不見其勇。謀大利的人，分其利於天下，所以人不見其利。能以智謀勇利利天下，天下之人自然開誠而歸之。其用之以害天下，天下之人自然閉塞而加以抗拒了。

天下者，非一人私有之天下，乃天下人共有之天下。取天下者，有如追逐野獸，天下之人皆具有分肉而食的心理。又如同坐一船以渡水，渡過則同蒙其利，失敗則同受其害。如此與天下之人同其利害，則天下之人自然皆能開誠相接，不會閉拒了。（丙）

人君無取於民，實際上是取於民的。因為無取於民，就是不奪取人民的利益，因此就得到人民的歸心，多願為君上盡力。所以無取於民的，人民皆盡其力以利於君上。無取於國的，一國皆盡其力以利於君上。無取於天下的，天下皆盡其力以利於君上。所以道之神妙，是在眾人之不可見。事之奧祕，是在眾人之不可聞。軍事取勝之奇巧，是在眾人之不可知。此乃為政之最高機微也。鷙鳥將擊，必先低飛而斂其雙翼。猛獸將搏，必先俯伏而垂其兩耳。聖人之將有所行動，也要先顯出愚人之形色，蓋以防敵人之覺察也。（丁）

「解」：本段為國家戰略之研究。國家戰略，為國家之最高戰略，亦為國家一切施政之準則。國家戰略有王道與霸道之分。王道戰略，是以施行仁義以取得人民之歸心，所謂「以德行仁」之戰略。此種戰略，常可得到人民之衷心愛戴。而霸道戰略，則多以詭譎之方法以控制人民，不為人民所喜悅。太公和文王，是以救民之目的起而革命，當然是要採取王道的國家戰略。本段就是敘述王道戰略的理論過程。其內容分為甲乙丙丁四小段。甲段是說對強大敵人是可以用戰略取勝的，為戰略的引言。乙段是說推仁愛之心於敵人，可使敵人之內心歸向於我。丙段是說革命以取天下，並非為一個人求得私利，乃是使天下之人共得其利，正是以天下為公的王道思想之真正意義。丁段是說在進行中是取潛移默運的方法，在不知不覺中進行。因之並可以防敵人之早期覺察，而使革命之遭受挫折也。

現在有商之君紂王，聽信奸佞惑亂之言，朝政日非；寵嬖妲己，淫亂靡已，此為亡國之徵兆。我們觀其田野，野草多於稻穀；觀其朝臣，奸邪勝於忠直；觀其官吏，多以暴虐殘殺人民為務；破壞法律，亂施酷刑，上下都不覺悟。此乃亡國之時也。

我們此時作弔民伐罪之舉，有如日麗中天，萬物皆沐其光輝。伸張大義，萬物皆蒙其恩澤。仁兵所至，萬物皆服其德威。此乃為聖人仁德之所作為，聖人內心寧不為之歡樂耶。

「解」：本段為國家戰略研究的結論，敘述殷紂王朝之腐敗與其暴政；如遵照所定的王道戰略以進行，革命一定可以成功。

本章為研究國家戰略，為本書甚為重要的一章。其程序是先提出國家目標。其次研究敵我之情況以決定採取一種可行的國家戰略。太公本章所述，即依此種程序而論列。

文啓第十三（論無為而治的民政政策）

古時，氏族社會萬國並立，各有其習俗與風尚，治國若強制其相同，不如用教化默化其相同，因其政教順其民俗，為太公之民政政策。

文王問太公曰：聖人何守㈠？太公曰：何憂㈡何嗇㈢，萬物皆得㈣。何嗇何憂，萬物皆遒㈤。政之所施，莫知其化。時之所行，莫知其移㈥。聖人守此而萬物化。何窮之有。終而復始，優而游之㈦。展轉㈧求之，求而得之，不可不藏。既已藏之，不可不行。既以行之，勿復明㈨之。夫天地不自明，故能長生。聖人不自明，故能名彰。

古之聖人，聚人而為家，聚家而為國，聚國而為天下。分封賢人，以為萬國，命之曰大紀㈩。陳⑾其政教，順其民俗，羣曲化直，變於形容。萬國不通，各樂其所，人愛其上⑿，命之曰大定⒀。嗚呼！聖人務靜之，賢人務正之；愚人不能正，故與人爭。上勞則刑繁⒁，刑繁則民憂，民憂則流亡。上下不安其生，累世⒂不休，命之曰大失⒃。

天下之人如流水，障(一七)之則止，啟之則行，靜之則清。嗚呼神哉。

聖人見其始，則知其終。

文王曰：靜之奈何？太公曰：天有常形，民有常生。與天下共其生，而天下靜矣。太上(一八)因之(一九)，其次化之(二〇)。夫民化而從政(二一)，是以天無為而成事，民無與(二二)而自富。此聖人之德也。文王曰：公言乃協(二三)予懷，夙夜念之不忘，以用為常(二四)。

【今註】㊀守：為保持其中心思想。㊁憂：憂慮也。㊂嗇：吝也，此處有節制之意。㊃得：得所也。㊄遒：聚也，有繁榮之意。㊅移：推移也。㊆優游：從容快樂之意。㊇展轉：睡眠時反側不能成寐之意。㊈明：明以告人之意。㊉大紀：國家之大紀綱也。(一一)陳：舊也，依其原有之意。(一二)上：君上也。(一三)大定：天下安定之意。(一四)刑繁：刑罰繁重也。(一五)累世：數個世代相承之意。(一六)大失：大錯誤也。(一七)障：堵塞也。(一八)太上：最高無上之意。(一九)因之：依其原有之順序而行也。(二〇)化之：默化也。(二一)從政：遵從政命也。(二二)無與：無須國家付與之意。(二三)協：合也。(二四)以用為常：即用為治國之常道。

【今譯】　文王問太公：聖人心中保持何種思想，纔可治理天下？太公對說：不須用其憂慮，不須用其節制，萬物自然各得其所。不須用其節制，不須用其憂慮，萬物自然生長繁榮。政令之施行，要使人不知其變化；時間之推移，要使人不覺其更易，此為無為而治的政治。聖人守此，萬物自然隨之而潛移默化。如此終而復始，無有窮盡。此種優游自如的無為之政，人君必須展轉以求得之。既已得到，必須密以藏之於心，密以行之於政，而且要勿明告於人。夫天地不以造化之道明示其功，而萬物自然生長。聖人不以無為之政明告於人，而其功自然彰著。

「解」：本段為無為而治的民政政策之原理部分。

古之聖人，聚人而為之家，聚家而為之國，聚國而成為天下。分封賢德之人以為萬國之諸侯。此為國家建立之大綱，亦為統治天下之要道。對於各國，依循其原有的政教，順從其原有的習俗，祇求其行為邪曲的部分化而為直，形容乖異的部分化而為同。萬國的風俗雖不相通，但使樂得其所，民愛其上，此可稱為天下之大定。總之，古來聖人之治天下，務求其人民之安定；賢人之治國，務求民風之正直；愚人不能正己以正人，因而與人相爭。在上位之人，勞於所事則刑罰繁多；刑罰繁多則民心憂懼；民心憂懼則流離逃亡。上下皆不能安於生活，以致累世不得休息，是為施政之大失也。

「解」：本段為無為而治的民政政策之方法部分。無為而治的民政政策，在因其原有之政教與順其原有之民俗，祇求邪曲化直，乖異化同，則民不苛擾。自然萬國安定，樂得其所；而天下亦因之而太平無事了。

天下人民心理的向背，如同流水一樣，阻障它則停止而不行；啟導它則流行而不止；靜澄它則清明而不濁。嗟夫！人心之向背，真是神妙而莫測。惟有聖人見到此種形勢的開始，就能知道此種形勢的終局。文王又問：聖人求人民之安靜，其道將如何？太公對說：天有經常運行的常軌，春生夏長，秋成冬藏；人民有經常生活的工作，春耕夏耘，秋收冬息。人君能與人民共其生活之理，則天下自然安靜無事了。太上之德，依天地之自然而成治道。其次者，以政教化治其人民。人民化於下而從君上的政令，所以天道無為而生長萬物；人民無所付與而自然富足。此乃聖人之德化也。文王說：公言深合予懷，當早晚念之不忘，用為治國之常道。

「解」：本段再次闡明無為而治的民政政策，務在求人民之安靜。人民安靜則生產自然豐足，國力亦自然強盛了。

本章為政治戰略中之民政政策。革命戰爭，以爭取人民心理之歸向為第一要義。其時中國國內為氏族社會，萬國並立，而歸屬於王朝之天子。各國國內，各有其傳統之風俗與習尚。周國起而革殷紂王朝之命，自必先爭取各國人民心理之支持，故必須依其原有之政教與習俗，以使各國人民翕然歸附，則殷紂王朝自為各國人民所背棄而陷於孤立。所以此種政策，實為攻心戰略中之重要戰略。在現在之世界爭端中，各國競以尊崇各民族之自由與其政治體制為號召，即為此種戰略之衍化也。

文伐第十四（論謀略作戰）

對敵施行謀略之目的是，使敵人分化矛盾衝突，以分散其力量，或收買為我之內間，或使其驕狂淫靡腐化，而自行崩潰。

文王問太公曰：文伐㈠之法奈何？太公曰：凡文伐有十二節：

一曰：因㈡其所喜，以順其志。彼將生驕，必有奸㈢事。苟能因之，必能去之。

二曰：親其所愛，以分其威。一人兩心，其中必衰。廷無忠臣，社稷必危。

三曰：陰賂㈣左右，得情甚深。身內情外，國將生害。

四曰：輔其淫樂㈤，以廣其志，厚賂珠玉，娛以美人；卑辭㈥委聽㈦，順命而合，彼將不爭，奸節乃定。

五曰：嚴(八)其忠臣，而薄其賂，稽留(九)其使，勿聽其事。亟為置代(一〇)，遺(一一)以誠事，親而信之，其君將復合之。苟能嚴之，國乃可謀。

六曰：收其內，間其外。才臣外相，敵國內侵，國鮮不亡。

七曰：欲錮(一二)其心，必厚賂之。收其左右忠愛，陰示以利，令之輕業(一三)，而蓄積(一四)空虛。

八曰：賂以重寶，因與之謀。謀而利之，利之必信，是謂重親(一五)。重親之積，必為我用。有國而外，其地必敗。

九曰：尊之以名，無難其身；示以大勢，從之必信；致其大尊，先為之榮，微飾聖人，國乃大偷(一六)。

十曰：下之(一七)必信，以得其情。承意(一八)應事，如與同生(一九)。既以得之，乃微收之。時及將至，若天喪之。

十一曰：塞⑳之以道：人臣無不重貴與富，惡危與咎㉑；陰示大尊㉒，而微輸重寶，收其豪傑；內積㉓甚厚，而外為乏；陰內㉔智士，使圖其計；納勇士，使高其氣；富貴甚足，而常有繁滋㉕；徒黨已具，是謂塞之。有國而塞，安能有國。

十二曰：養其亂臣㉖以迷之，進美女淫聲以惑之，遺良犬馬以勞之，時與大勢以誘㉗之，上察而與天下圖之。

十二節備，乃成武事㉘。所謂上察天，下察地，徵㉙已見，乃伐之。

【今註】㊀文伐：是以文事進攻敵人的方法，即現代所謂謀略作戰之意。㊁因：依也。㊂奸：舊本作好字，訛。㊃賂：賄賂也。㊄樂：音ㄌㄜˋ。㊅卑辭：卑謙的言辭。㊆委聽：委曲聽從之意。㊇嚴：敬重之意。㊈稽留：遲延留下之意；稽，遲延也。㊉置代：派人更代也。⑪遺：餽贈也。⑫錮：禁錮也；禁錮其心使不外向之意；亦可作堅固解。⑬輕業：輕視其業務之意。⑭蓄積：儲藏的資財。⑮重親：深厚之親誼。⑯大偷：大受其害之意。⑰下之：卑躬屈節以侍奉之意。⑱承意：承迎其意。⑲同生：同胞兄弟也。⑳塞：障蔽也。㉑咎：災禍也。㉒大尊：高官尊爵也。

㉓積：儲積也。㉔內：音ㄋㄚˋ，納入也。㉕繁滋：增多之意。㉖亂臣：亂政之臣。㉗誘：引誘也。㉘武事：軍事行動也。㉙徵：徵候也。

【今譯】　文王問太公：所謂以文事進攻敵人之文伐，其方法如何？太公對說：用文事進攻敵人之文伐，有以下十二種方法：

一曰：就敵君所喜好之事順其意志加以逢迎，則彼將生驕狂自滿之心，必任意作奸邪之事。我若能曲意表示順從他，將來一定可以除去他。

例如春秋時代吳王夫差於會稽之戰擊敗越國後，想北進以爭霸中原。越王勾踐心存報復，但曲意逢迎以慫恿之，夫差遂盡率吳國精兵北會諸侯於黃池（河南省封丘縣西南）。勾踐即乘虛進攻吳國，竟以滅吳。

二曰：親近敵君所喜愛之人使其代我進言，藉以消滅其對我之敵意。因此敵君就產生兩種矛盾心理，不再對我有惡意之仇視。此時若廷無忠臣加以諫諍，則其國必將陷於危亡。

前例越王勾踐賄賂吳國太宰伯嚭，使其盡力為越國進言。夫差遂信勾踐順服，不聽伍員忠諫之言，最後且賜屬鏤之劍，逼使伍員自殺，吳國遂以滅亡。

三曰：陰賂敵君左右之近臣，造成與我方深厚之情誼。彼身處國內而情繫外方，其國必將受其災禍。

例如在戰國時代秦國與趙國長平之戰時，秦國厚賂趙王近臣郭開，使讒去廉頗。趙王果聽郭開之言罷黜廉頗而用趙括，卒致長平之敗。

四曰：輔以淫靡之樂，以廣其好大喜功之心；厚賂以珠玉，娛以美人；卑其言辭而委婉聽從，順其所命而迎合其意。彼將不以我為慮，則我之計謀行矣。

前例吳越之戰時，勾踐進美女西施鄭旦與響屧迴廊之樂，並慫恿夫差北進以爭霸諸侯。夫差遂信任勾踐不以為備，卒召亡國之禍。

五曰：尊敬敵國忠誠之臣，但薄與其禮聘之物；其有使命交涉時，則故意稽延時間勿與答覆，敵君若改派他人更代時，則迅速與以誠意之款待與答覆，以合兩國之好。如此則敵君必疏遠其忠誠之臣，其國乃可謀也。

六曰：收買敵國之內臣，而離間其外臣，使其才臣外奔，敵國內侵，則其國未有不亡的。

例如戰國時代燕齊之戰時，燕將樂毅破齊七十餘城，惟莒與即墨兩邑未下而燕昭王死，子惠王立。齊國田單乃遣使厚賂燕惠王之近臣，使罷黜樂毅而以騎劫代將。樂毅奔趙，齊軍遂擊滅燕軍而收復失地。

七曰：以厚賂結敵君之心，使其深信不疑；並收買其左右忠愛之臣，陰許以利，使其輕於戒備，則其防務必然空虛。

例如在春秋時代，晉獻公以屈地之名馬與垂棘之璧玉厚賂虞君，以求假道於虞以伐虢。虞君以與晉君親誼深厚，不加戒備。晉軍於滅虢之後遂滅虞國而併有其地。

八曰：賂送敵君以重寶，且與之同謀，並有以利之。如此則與敵君結成深厚之親誼，必可為我所用。

有國而為外國所利用，其國必致於敗亡。

前例虞國之敗亡，即為貪晉國厚賂致被利用之所致。

九曰：尊之以崇高之名，不以艱難之事困擾其身；示以大勢所歸，順從其命必誠必信；致其大尊之位號，並先為之榮而飾以聖人之德，則其國必大偷惰矣。

例如王莽篡漢時，漢光武與劉玄並起義兵。劉玄自號更始皇帝，光武卑身事之，即為此種謀略之運用。又在隋朝末年，中原亂起，李密崛起於河東；唐高祖李淵發難於晉陽。李密欲自為盟主，致書李淵，望其左提右挈，戮力同心。淵乃覆書，卑辭推奬稱：「天生烝民，必有司牧。當今為牧，非子而誰。欣戴大弟（指李密），攀鱗附翼。唯弟早膺圖籙，以甯兆民。」此書中所言早膺圖籙，即本條謀略中所謂「飾以聖人之德」也。

十曰：卑下以事之，必以誠信；承其意以應事，如與之同生之兄弟，如此可以得彼之情況。既已得之，乃密收其權；迨時機到來，有如天奪其權也。

十一曰：障塞敵君耳目之道：凡人臣無不重視富與貴，厭惡危險與罪咎；陰示以大勢之尊，而輸重寶以收其豪傑之士；內厚蓄積而外示貧乏；收納智士以為計謀，收納勇士以為羽翼；給以富貴而常加增益；如此結成徒黨，自可障塞敵國君臣之耳目。有國而為人所障塞，安能久有其國耶。

十二曰：養其嬖佞之臣以迷矇其心智，進美女淫聲以惑亂其神志，餽遺犬馬以疲勞其形骸；且時以侈大之形勢以使其更益驕傲狂妄，不自修省。然後上察天時之變亂，起而與天下之人共圖而攻取之。

以上十二種文伐方法實施全備，乃可進而作軍事上之行動。至軍事行動時，必須上察天時，下察地理，待各種徵驗皆顯現有利時，乃興兵而伐之。

「解」：本章為戰略中對敵人謀略作戰，為本書中重要之一章。謀略，就是使敵人自己分裂矛盾，或淫靡腐敗而自己崩潰，則可以省去戰爭之殺傷，而免生民之塗炭。所以謀略，雖多含有權謀詭計，但其用心卻是最為仁慈之事。司馬法說：殺人安人，殺之可也。攻其國，愛其民，攻之可也。世局紛擾，奸暴時作，拯溺救亡，不能廢兵。那末為救民而戰爭，使用謀略以促使敵人自行崩潰以求迅速結束，自然是不背仁義之道的。

本章因為使用權謀，最為宋明理學之士所詬病。他們認為文王武王太公都是聖人。聖人是不會做出此種權謀詭譎之事，因此就斷定《六韜》一書為後人所偽作。不知文王與太公是在殷紂王朝暴政下進行革命。革命乃救民之事，但必須慎密其謀，外作掩蔽，以免早期洩漏，中途摧折。所以文王曾因紂之嬖臣費仲進獻有莘氏美女與驪戎良馬以表貢納；獻洛西之地以求除炮烙之刑，因以得紂王之信任封為西伯。到最後三分天下有其二時，仍然是恭順服從王朝命令，其時間達一十七年之久。此皆載在史冊為大家所熟知，實皆與太公之謀略有關。他們之所以出此，乃為其圖謀遠大，誠不得已而為之。此固非硜硜鄉愿之見之所能揣度也。

順啓第十五（論治天下之政策）

一、大蓋天下信蓋天下仁蓋天下恩蓋天下權蓋天下。

二、利天下者天下啟之害天下者天下閉之。

文王問太公曰：何如而可為天下？太公曰：大蓋㊀天下，然後能容天下。信蓋天下，然後能約㊁天下。仁蓋天下，然後能懷㊂天下。恩蓋天下然後能保天下。權㊃蓋天下，然後能不失天下。事而不疑，則天運不能移，事變不能遷。此六者備，然後可以為天下政。故利天下者，天下啟㊄之；害天下者，天下閉㊅之。生天下者，天下德之；殺天下者，天下賊㊆之。徹㊇天下者，天下通㊈之；窮天下者，天下仇之。安天下者，天下恃之；危天下者，天下災㊉之。天下者非一人之天下，惟有道者處之。

【今註】㈠蓋：覆蓋也。㈡約：約束也。㈢懷：服也。㈣權：權力之意。㈤啟：開也，有歡迎之意。㈥閉：閉拒也。㈦賊：斥之為賊之意，如漢賊不兩立。㈧徹：明徹也。㈨通：交好也。㈩災：以彼為害也。

【今譯】文王問太公：如何可以治天下呢？太公對說：度量之大足以覆蓋天下，然後能包容天下。誠信之孚足以覆蓋天下，然後能約束天下。仁德之溥足以覆蓋天下，然後能懷服天下。恩澤之廣足以覆蓋天下，然後能保天下。權力之盛足以覆蓋天下，然後能不失天下。舉事能當機立斷而不猶疑，則天運不能移，時變不能遷。此六者全備，則將為天下人民所愛戴而可為天下之主政。

「解」：本段為統治天下之人自身之修養與施政之準則。

所以能利澤天下人民的，天下之人將啟開歡迎之。賊害天下人民的，天下之人將閉塞拒絕之。生養天下人民的，天下之人將感懷其仁德。殺害天下人民的，天下之人將惡之如盜賊。明徹照臨天下的，天下之人皆樂與之交往。苛擾以困窮天下的，天下之人皆惡之如寇讐。安定天下的，天下之人皆依恃之如父母。危害天下的，天下之人皆舍棄之如災禍。天下者，非一人之天下，惟有道德的人纔能久處其位，而天下賴以安定而太平。

「解」：本段係解釋施行仁政與暴政對於天下人民心理之反應與其影響，而歸結於君道在於「修己以愛民」。

本章係文王與太公討論治天下之政策。文王本為西岐一個小國的國君，其所以要討論治天下之政策，乃為其革命戰略中一種重要之戰略。因為文王要推翻殷紂王朝舉行革命，必須先宣布推翻舊王朝後新建王朝治天下之政策，使天下之人皆知曉文王革命之目的，乃是為拯救人民於水火而措之富裕康樂之域。因之，可以得到天下人民心理之支持，而使革命得以迅速成功。此在革命發動之前，實為必要之舉。昔時總理　孫中山先生倡導革命，首先提出「天下為公」之口號，與「建立民國，平均地權」之誓詞，其與太公論治天下政策之意義完全相同。所以《六韜》一書，與孫武吳起之書，其處境與範圍全不相同。孫吳之書，乃是論將帥用兵之事，所以可稱為將帥之學。而《六韜》乃是論革命建國之事，所以可稱為帝王之學。

兵道第十六（論軍事戰略用兵要則）

用兵要則為專一、活潑、詭譎、祕密、迅疾、猛烈六項。簡之為一活譎、密疾烈。

武王問太公曰：兵道㈠何如？太公曰：凡兵之道，莫過於一㈡。一者能獨往獨來㈢。黃帝㈣曰：一者，階於道㈤，幾於神㈥。用之在於機(七)，顯之在於勢(八)，成之在於君(九)。故聖王號兵為凶器，不得已而用之。

今商王知存而不知亡(一〇)，知樂而不知殃(一一)。夫存者非存，在於慮亡(一二)。樂者非樂，在於慮殃(一三)。今王已慮其源，豈憂其流乎。

武王曰：兩軍相遇，彼不可來，此不可往，各設固備(一四)，未敢先發(一五)。我欲襲(一六)之，不得其利，為之奈何？太公曰：外亂而內整(一七)，示饑而實飽(一八)，內精而外鈍(一九)，一合一離(二〇)，一聚一散(二一)，陰其謀(二二)，密其機(二三)，高其壘(二四)，伏其銳(二五)，士寂若無聲(二六)，敵不知我所備(二七)。欲其西，襲其東(二八)。

武王曰：敵知我情，通我謀，為之奈何？太公曰：兵勝之術(二九)，密察敵人之機而速乘其利(三〇)，復疾擊其不意(三一)。

【今註】 (一)兵道：用兵之道，即用兵原則也。(二)一：統一專一之意。(三)獨往獨來：不受牽制也。

㈣黃帝：古代之聖君。㈤階於道：進於道也；階，梯階也。㈥幾於神：近於神化之境也；幾，近也。㈦用之在於幾：運用專一之道，在於掌握戰機；用之，運用專一之道。㈧顯之在於勢：顯現專一之道，在於造成專一之形勢，即集中兵力於決勝點也；顯之，顯現也。㈨成之在於君：助其專一之成功，在於君上之信任而不加以牽制之意；成之，助其成功之意。㈩知存而不知亡：祇知現在之生存，不知殘暴虐民有亡國殺身之禍。⑪知樂而不知殃：祇知現在之淫樂，不知縱慾敗度有樂極生悲之殃。⑫存者非存在於慮亡：存者非能長存，在於能思慮到救亡之方法。⑬樂者非樂在於慮殃：樂者非能久樂，在於能思慮到避殃之方法。⑭固備：堅固之守備也。⑮先發：先行攻擊之意。⑯襲：出敵不意之攻擊謂之襲擊。⑰外亂而內整：外面表示紛亂而內部實整齊嚴肅。⑱示饑而實飽：外面表示饑餓缺糧而內部實給養充足。⑲內精而外鈍：外面配置陳舊殘鈍之裝備，而內部實藏精良銳利之武器。⑳㉑一合一離，一聚一散：是說軍隊列陣之時，士卒忽離忽合、有聚有散，以示號令之不整與紀律之散漫。㉒陰其謀：陰祕其計謀也。㉓密其機：密藏其機變也。㉔高其壘：高築其營壘。㉕伏其銳：隱伏其銳士。㉖㉗士寂若無聲，敵不知我所備：使士兵靜寂無聲，使敵人不知我虛實之所在。㉘欲其西襲其東：我欲攻其西部，先以一部軍隊猛攻其東部，吸引敵人於此方面，而使我之進攻其西部易。㉙兵勝之術：用兵制勝之術。㉚㉛密察敵人之機而速乘其利，復疾擊其不意：乃是祕密察看敵人變動之弱點，而迅速乘此有利之時機，加以猛烈攻擊之意。

【今譯】武王問太公：用兵之重要原則如何？太公對說：用兵之重要原則，最要莫過於一。所謂一者，乃是事權要專一，兵力要集一，行動要統一之意。惟其事權能專一，始能獨往獨來不受牽制而分心。至於將帥之用兵，則須注力於兵力之集一與行動之統一，始能發揮軍隊戰力至最高峰。昔時黃帝曾說過：一者為進道之階，近乎神化之境，其意即在於此。至於運用專一之道，在於掌握有利之戰機，造成有利之形勢，而其成功則在君上之授權，使將帥能獨斷專行，握機乘勢而決勝。所以古代聖王常稱兵為凶器，戰為危事，乃不得已而用之也。

今商王紂祇知現時國之存，而不知國之亡。祇知現時身之樂，而不知身之殃。夫存者非能長存，在於能思慮到救亡之方法，始能保持其長存。樂者非能久樂，在於能思慮到避殃之方法，始能保持其久樂。今王已思慮到根本和泉源，自不必憂慮其枝葉和末流了。

「解」：本段是提示用兵要則「專一」與「活潑」。

武王問：若兩軍相遇，彼不可得而來，我亦不可得而往；各設有堅固的守備，而不敢率先發動進攻。我欲襲而攻之，不得其便利，將為之奈何？太公對說：此必須使用詭道謀略以引誘之：外示紛亂而內實整齊；外形饑疲而內實飽足；外示鈍弱而內實精壯。令部隊忽離忽合，士卒忽聚忽散，以示號令之不整與紀律之不嚴。隱祕其攻戰之謀，深密其發動之機。高其壁壘之防；伏其精銳之士。陣地內士卒靜寂若無聲，行動隱匿若無形，使敵不知我主力與虛實之所在，則無法探知我之配備與企圖。至於我之行動；我欲攻其西，則先以一部襲其東以吸引其兵力，以使我主力在西部之進攻容易。

「解」：本段是提示用兵要則「詭譎」與「祕密」。

武王又問：敵人若已知我軍之情況，通曉我方之謀略，將為之奈何？太公對說：此時我用兵制勝之術，端在密察敵人變動之機，迅速乘有利之形勢，而猛烈攻擊其不意。

「解」：本段是提示用兵要則「迅疾」與「猛烈」。

本章為軍事戰略用兵之要則，為本書重要之一章。太公將許多的用兵原則提煉為「專一」、「活潑」、「詭譎」、「祕密」、「迅疾」、「猛烈」六項。簡括之，即成為「一活譎」、「密疾烈」用兵六字訣。

三疑第十七（論軍事戰略之謀略戰）

一、攻強離親散眾均須以謀略達成。

二、攻強以強離親以親散眾以眾。

武王問太公曰：予欲立功，有三疑：恐力不能攻強，離親，散眾㈠，為之奈何？太公曰：因之，慎謀，用財㈡。夫攻強，必養之使強，益之使張㊂。太強必折，太張必缺。攻強以強㊃，離親以親㊄，散眾以眾㊅。

凡謀之道，周密為寶。設之以事㊆，玩之以利㊇，爭心必起。欲離其親，因其所愛，與其寵人㊈，與之所欲㊉，示之所利，因以疏之⑪，無使得志。彼貪利甚喜，遺疑⑫乃止。

凡攻之道，必先塞其明⑬，而後攻其強，毀其大，除民之害。淫之以色，啗⑭之以利，養之以味，娛之以樂。既離其親，必使遠民，勿使知謀。扶而納之⑮，莫覺其意，然後可成。

惠施於民，必無愛財，數衣食之，從而愛之。心以啟智⑯，智以啟財⑰，財以啟眾⑱，眾以啟賢⑲。賢之有啟，以王天下⑳。

【今註】㊀攻強，離親，散眾：攻強，攻強大之敵；離親，離間其親信之臣。散眾，渙散其民眾之心。㈡因之，慎謀，用財：因之，依循其原有之趨勢發展之；慎謀，慎密謀劃也；用財，用適當的貨財。㈢養之使強，益之使張：乃是養之使更加強大，益之使更加開張之意。㈣攻強以強：乃是先使敵人更加強大，因而起驕滿之心將不以我為慮，則我可乘其間隙而攻之。此為攻強以強之方法。㈤離親以親：乃是是要離開其親信之臣，先結納其另一親信寵嬖之臣，使其播弄其短以疏遠之。此為離親以親之方法。㈥散眾以眾：乃是施厚惠於我力之所能及之民眾，則敵之民眾亦必心理歸於向我。此為散眾以眾之方法。㈦設之以事：乃是設想許多事情之意，如結為姻婭，結好其親屬等。㈧玩之以利：乃是玩弄他以厚利之意。㈨寵人：寵信嬖佞之臣。㈩與之所欲：贈送以所喜好之事物。⑪疏之：疏遠也。⑫遺疑：遺留之疑慮也。⑬塞其明：障蔽其聰明也。⑭啗：音ㄉㄢˋ，誘也。⑮扶而納之：引誘其入我計謀之中之意。⑯心以啟智：用心深思，足以啟開智慧。⑰智以啟財：智慧足以啟開財源。⑱財以啟眾：有財足以啟開民眾向我之心。⑲眾以啟賢：眾心所歸，則啟開賢人來歸之路。⑳賢之有啟，以王天下：賢人來歸，則可以王天下。

【今譯】　武王問太公：我欲進攻敵人以建立功業，但有以下之三個疑題：恐我之兵力不能攻彼之強；離彼之親；散彼之眾。為之奈何？太公對說：此三者，必須以智謀來達成。其要點如下：第一要依循其原有的形勢而勿加以逆拒。第二要慎密的謀劃而勿予以洩漏。第三要適當的財用而不可吝嗇。夫攻強，必先養之使更益強盛，益之使更加張大。如此則彼必生驕盈自滿之心而不以我為慮。彼太強，必然會遭到他方之挫折，太張必然會遭到他方之破裂，此時我得乘其間隙而攻擊之，此即為攻強以強之法也。同樣離親必須利用彼之親，散眾必須利用彼之眾。

「解」：本段是敘述攻強、離親、散眾三項，均須依循原有之情勢加以發展，萬不可加以逆拒以引起敵人之注意。此即所謂「因之」。如勾踐之諂事吳王夫差，助長其好大喜功之心使其北進以爭霸中原，遂得達成其進兵滅吳之機會。此即攻強以強之實例也。

凡設計謀略，必須周到而祕密。設想許多事情，總以使他們有利可得。因之，其內部必起爭奪之心。

「解」：本段是提示設計謀略，必須周到而祕密，此即所謂「慎謀」。

欲離間其親信之臣，必因其所喜好，與其所寵嬖之臣，賄賂他們所喜好之物，並示之以厚利；一面命其散佈流言，播弄是非，使其疏遠其親信之臣使不得志。彼等貪我之利，將喜而不疑我之圖謀也。

「解」：本段是提示離親與用財之方法。如在戰國時代秦趙長平之戰時，秦國賄賂趙王嬖臣郭開，使其讒毀廉頗，趙王遂罷廉頗而以趙括為將，卒致長平之敗。又秦國在趙魏燕齊楚五國聯軍攻秦時（西元前二四七年），秦相呂不韋派人賄賂魏國晉鄙之門客使讒毀聯軍統帥信陵君魏無忌。魏王乃黜魏無忌而以他人代將，五國聯軍遂一敗塗地。此皆為「離親以親」與「用財」之實例。

凡攻強之道，必先障塞其心智之明，使其頭腦昏瞶，然後俟機擊敗其兵力，毀其守備，以除民之害。其方法是淫之以女色，啗之以厚利，食之以美味，娛之以靡靡之樂；一面離間其親信之臣，使其遠離勿使知我之謀；如此誘導其墜入我之計謀中而不自覺，則攻強之謀可成也。

「解」：本段是提示攻強之方法。其例以越王勾踐滅吳之事最為明顯，具載於前，不再瑣述。以仁德厚惠普施於天下之人民，不分敵我；不吝惜財物，時時救濟其衣食，並從而愛之。如此則敵國之人民必傾向於我，而其眾心自然渙散，不再與我為敵了。

「解」：本段是提示散眾以眾與用財之方法。對於攻強、離親、與散眾三個難題，祇要細心去研求，必然會獲得高明之智慧；智慧可以籌集財富；財富足則可普施於人民；人民歸心，則天下賢才自必聞風來歸；賢才來歸，則可以王天下矣。

「解」：本段是總結答覆武王所提攻強離親與散眾三個難題，而其要點皆須以謀略完成之。本章為軍事戰略中之謀略作戰，與政治戰略中謀略戰之文伐章，內容大致相同。但文伐章之謀略，以使敵人之政治崩潰為目的，而本章則以達成軍事勝利為目的。兩者祇是施行之規模，微有大小之不同而已。

又本章之另一主旨，是在說明國家之大小與軍力眾寡強弱之不相侔，是不足為慮的。祇要運用智慧與謀略，則可以寡勝眾、弱勝強。此在革命戰爭中尤為重要之原則。

第三篇　龍韜（軍事戰略學）

王翼第十八（論統帥部之組織）

一、周國統帥部之組織與現代之統帥部略同。

二、依王翼章原文譯成現代文如下表。

「解」：本章所述周國統帥部之組織，其內容係敘述統帥部各級人員之職掌。茲用現代軍語譯成組織表如后，讀之可以一目了然，藉以節省讀原文之精力。原文移於後編，備供參考。後表在編制上雖為七十二人，但其中外遣人員二十二人，所以統帥部工作人員，實際祇有五十人。

周國統帥部組織概見表（用現代軍語表達）

現代軍語		原文	員數	職掌
參謀總長		腹心	一	贊謀應猝、揆天消變、總攬計謀、保全民命。
軍務人事參謀		謀士	五	圖安危、慮未萌、論行能、明賞罰、授官位、決疑難、定可否。
天文參謀		天文	三	司星曆、候風氣、推時日、考符驗、校災異、知天心去就之機。
作戰處	作戰參謀	兵法	九	討論戰略戰術與新式兵器之使用，以定作戰計畫。
	地理參謀	地利	三	研究地形遠近險易山川形勢，以定軍隊之行動。
	特種兵器參謀	奮威	四	研究新式兵器之速度威力，以定其使用之方法。
	發令參謀	伏旗鼓	三	輔佐司令官發號施令，並發施假號令以惑亂敵人。
	工程參謀	股肱	四	修溝塹、治壁壘、運機械。
情報處	謀略參謀	權士	三	行奇謀、設詭計，以欺騙敵人，並蒐集敵人情報。
	連絡參謀	通才	二	接待賓客並派外交涉與連絡。
	宣傳人員	羽翼	四	揚名譽、震遠方、動四境，以弱敵心。
後勤參謀		通糧	四	度飲食、備蓄積、通糧運、聚五穀，以使三軍補給充足。

醫務人員		方士	三	攜百藥、治金瘡、癒百病。
會財人員		法算	二	會計三軍營壘、糧食、財用。
派遣人員	情報人員	耳目	七	主往來聽言觀變、覽四方之士軍中之情，以蒐集情報。
	挺進人員	爪牙	五	冒險犯難、衝鋒陷陣，以揚士氣。
	諜報人員	遊士	八	伺姦候變、開闔人情、觀敵之意，以為間諜。
	特種技術人員	術士	二	主為譎詐、依託鬼神，以惑眾心。

論將第十九（論將帥之品德）

一、將帥須具備五項美德：勇智仁信忠。

二、須避去十項缺點：勇而輕死，急躁心速，貪而好利，仁而不忍，智而心怯，輕於信人，廉不愛人，智而猶疑，剛愎自用，懦而輕信。

三、調查敵軍將帥之秉性可為謀略之基礎。

武王問太公曰：論將之道奈何？太公曰：將有五材㈠十過㈡。武王曰：敢問其目？太公曰：所謂五材者：勇、智、仁、信、忠也。勇則不可犯，智則不可亂，仁則愛人，信則不欺；忠則無二心。所謂十過者：有勇而輕死者，有急而心速者，有貪而好利者，有仁而不忍者，有智而心怯者，有信而喜信人者，有廉潔而不愛人者，有智而心緩㈢者，有剛毅而自用者，有懦而喜任人者。

勇而輕死者，可暴㈣也。急而心速者，可久㈤也。貪而好利者，可賂也。仁而不忍人者，可勞㈥也。智而心怯者，可窘㈦也。信而喜信人者，可誑㈧也。廉潔而不愛人者，可侮㈨也。智而心緩者，可襲㈩也。剛毅而自用者，可事⑪也。懦而喜任人者，可欺⑫也。

故兵者，國之大事，存亡之道，命⑬在於將。將者，國之輔⑭，先王之所重也，故置將⑮不可不察也。故曰：兵不兩勝，亦不兩敗。兵出踰境㈥，不出十日，不有亡國，必有破軍殺將。武王曰：善哉。

【今註】㈠材：美德也。㈡過：缺點也。㈢心緩：猶疑不決也。㈣暴：暴力激而殺之也。㈤久：久而困之也。㈥勞：擾而勞之也。㈦窘：困而窘之也。㈧誑：誆騙也。㈨侮：加以侮辱也。㈩襲：襲而攻之也。⑪事：卑屈而事之也。⑫欺：欺騙也。⑬命：命運也。⑭輔：輔佐之臣也。⑮置將：任命將帥之意。⑯踰境：踰越國境之意。

【今譯】武王問太公：論評選將帥之道將如何？太公對說：選擇將帥，必須在秉性上具有五項美德，與避去十項缺點。武王又問：其細目如何？太公對說：所謂五項美德：就是勇、智、仁、信、忠是也。勇者不懼，故不可犯。智者不惑，故不可亂。仁者愛人，故能得眾心。信者不欺，故能上下相孚。忠者無二心，故可寄以重任。

「解」：本段係敘述將帥必須具備五項美德。按太公論將，以勇為首，而殿之以忠；孫子論將，以智為首，而終之以嚴。二者頗不相同。其實為將帥之道雖有五項，而勇與智卻最為重要。蓋勇而無智，則暴虎馮河，不過是匹夫之勇，不能寄以國家興亡所關之重大責任。智而無勇，則臨事張皇恐懼，雖有智謀，也無法冒艱危生死以達成。不過孫子著重於始計，一切謀定後動，故以智為先。而太公所論之將，乃是在戰場上乘勢握機以求決勝之將，必須有勇往不懼之精神，始能周密謀劃，安詳處置，臨危不亂，計出萬全。所以就選將而言，與其先智，無寧先勇。其次就仁信兩項而言：仁者愛人，故能得眾心；信為上下相孚之基本條件。所以均為將帥所必須具備之美德。最後論到忠和嚴。太公有忠字而無嚴字；孫子有嚴字而無忠字。其實忠字為一切勇毅果敢行為的根本。惟其能忠於其國，忠於其君，始能產生赴死不懼、臨難不苟的勇往精神。孫子遺漏了忠字而換以嚴字。嚴字實為信字之延伸，信賞必罰，令出必行，自然不威而嚴。而忠字的遺漏，實為孫子重大之缺失。

所謂將帥在秉性上十項缺點：有賦性剛猛而輕於赴死的；有性情急躁而急於求功的；有賦性貪婪而好貨利的；有性情仁慈而不忍傷害人民的；有具有機智而心中怯懦的；有自己信實而輕於信人的；有賦性廉介而不愛人民的；有雖有機智而猶疑遲緩的；有性情剛愎而逞能自用的；有賦性怯懦而喜於信任他人的。

對於賦性剛猛輕於赴死的，可以暴力激怒而殺之。對於性情急躁急於求功的，可以持久而困之。對於賦性貪婪而好貨利的，可以賄賂而誘之。對於性情仁慈而不忍傷害人民的，可以擾亂而勞之。對於具有機智而心中怯懦的，可以困擾而窘之。對於自己信實而輕於信人的，可以誑言而欺之。對於賦性廉介而不愛人民的，可以污衊而辱之。對於雖有機智而猶疑遲緩的，可以急襲而殲之。對於性情剛愎而逞能自用的，可以卑屈以驕之。對於賦性怯懦而喜於信任他人的，可以計謀而亂之。

「解一」：本段為對於秉性上有十項缺點之將帥，可以一一用謀略來擊滅他。本段之意，與《孫子‧九變篇》：「將有五危：必死可殺，必生可虜，忿速可侮，廉潔可辱，愛民可煩。凡此五者，將之過也。覆軍殺將，必以五危，不可不察也。」孫子是說：剛猛輕死的，可以激怒而殺之。貪生怕死的，可以計誘而虜之。急躁易怒的，可以侮謾而激之。廉潔自愛的，可以污衊而辱之。善心愛民的，可以紛擾而煩之。孫子且說：將帥秉性上而有此五項缺點，必至於覆軍殺將而敗亡。其意義與太公所見完全相同。所以國家選任將帥，必須在秉性上避去此十項缺點。而偵察敵軍將帥的秉性，尤其可為我設計謀略以破敵的重要因素。

所以說：出師用兵為國之大事，亦為國家存亡之所關，其命運全在於將帥。將帥實為國家輔佐之臣，而為先王（指文王）之所重視，因此任命將帥，不可不加以慎重的審察。大凡戰爭，不能兩方都獲勝利，也不致兩方都遭失敗；必有一方勝利，一方失敗。所以兵出國境，十日之內，勝敗即分，其中不有亡國的，即有覆軍殺將的，可不慎哉。武王說：善哉公言。

「解」：本段總結全章，敘述選任將帥，對於其秉性之重要性，實為國家勝敗存亡所關的重大之事。

選將第二十（論將才之選擇與鑒別）

一、外貌與中情不相符合者十有五。
二、鑒別人才有八徵。

武王問太公曰：王者舉兵，簡練英權㈠，知士之高下，為之奈何？

太公曰：夫士外貌不與中情㈡相應者十五：有賢而不肖者；有溫良而為盜者；有貌恭敬而心慢㈢者；有外廉謹而內無恭敬者；有精精㈣而無情㈤者；有湛湛㈥而無誠者；有好謀而無決㈦者；有如果敢而不能者；有悾悾㈧而不信㈨者；有怳怳惚惚㈩而反忠實者；有詭激⑪而有功效者；有外勇而內怯者；有肅肅⑫而反易人⑬者；有嗃嗃⑭而反靜愨⑮者；有勢虛形劣而出外無所不至⑯，無使不遂⑰者。天下所賤，聖人所貴；凡人不知，非有大明不見其際⑱，此士之外貌不與中情相應者。

武王曰：何以知之？太公曰：知之有八徵⑲：一曰問之以言，以觀其詳⑳。二曰窮㉑之以辭，以觀其變㉒。三曰與之間諜㉓，以觀其誠。四曰明白顯問，以觀其德。五曰使之以財，以觀其廉。六曰試之以色㉔，以觀其貞。七曰告之以難㉕，以觀其勇。八曰醉之以酒，以觀其態。八徵皆備，則賢不肖別矣。

【今註】 ㊀英權：英明而有權略之士也。㊁中情：心中之內情也。㊂慢：怠慢也。㊃精精：精明之意。㊄情：內蘊之才華也。㊅湛湛：水清澈之貌。㊆決：決斷也。㊇悾悾：音ㄎㄨㄥ，誠懇之貌。㊈信：信實也。㊉恍恍惚惚：知覺迷亂精神恍惚之貌。⑪詭激：為奇異之辯論；詭為奇異；激為激辯。⑫肅肅：為嚴正之貌。⑬易人：平易近人也。⑭嗃嗃：音ㄏㄜˋ，嚴厲之貌。⑮嗀：音ㄑㄩㄝˋ，誠懇也。⑯無所不至，各地都到也。⑰無使不遂：各種使命都達成也。⑱際：邊際也。⑲八徵：八項徵驗也。⑳詳：詳細也。㉑窮：窮究也。㉒變：應變之反應也。㉓間諜：間接偵察之意。㉔色：女色也。㉕難：困難之事也。

【今譯】　武王問太公：王者舉兵興師，要簡選英明權略之士以為高級幹部，如何可以知道士之賢與不肖呢？

太公對說：士之外貌，有與其中心內情不相符合的有以下之十五種：有外貌似善良而內心實不肖的；有外形似溫厚而反為盜竊的；有外貌恭敬而內心實怠慢的；有外形廉謹而內心實無恭敬的；有外貌精明而內實無才識的；有外貌清明而內實無誠信的；有外表多計謀而內實無決斷的；有外表似果敢而內實無作為的；有外貌誠懇而內實無信的；有外貌雖似迷亂恍惚而內心反忠實可靠的；有口頭上雖多詭激的言論而工作上反有功效的；有外貌雖似勇敢而內心實怯懦無能的；有外表雖甚嚴肅而內心實平易近人的；有外貌嚴厲而內心實沉靜誠懇的；有外形孱弱醜陋，而遊聘四方無所不至，奉使各國都能達成其使命的。夫士之外貌，多有與其中心內情不相符合。常有為天下所賤視的人，而獨為聖人所賞識；常人不能窺知其內蘊，非有知人的大明之見，是難以深知其邊際的，此種人，即是外貌不與中心內情相符合的人。

「解」一：本段係敘述觀察人才之困難。太公提出十五種人是外貌與其中心內情不相符合的。若以貌取人，必然會「失之子羽」了。

武王問：然則如何能察知他呢？太公對說：要察知其人之賢與不肖，可用以下之八項徵驗：其一，問之以言語，觀其所知之詳略。其二，窮究以辭說，以觀其應變之敏鈍。其三，問之以間接偵查之言，以觀其是否誠實。其四，明白的顯問，看其有無隱情，以觀其德行。其五，使其管理財物，以觀其廉介。其六，試之以女色，以觀其貞操。其七，付之以危難，以觀其勇氣。其八，醉之以美酒，以觀其容態。以上八項徵驗皆備，則士之賢與不肖，當可鑒別而無所遁形了。

「解」：本段係敘述鑑別人才之八項方法。

立將第二十一（論任命將帥與君主授權）

一、任命將帥授鉞儀式隆重是示君主授權之鄭重。

二、說明軍權專一的重要性。

武王問太公曰：立將㈠之道奈何？太公曰：凡國有難，君避正殿㈡，召將而詔之曰：社稷安危，一在將軍。今某國不臣㈢，願將軍帥師應之㈣。將既受命。乃命太史鑽靈龜㈤，卜吉日；齋三日，至太廟㈥以授斧鉞㈦。

君入廟門，西面而立。將入廟門，北面而立。君親操鉞，持首，授將其柄，曰：從此上至天者，將軍制之。復操斧，持柄，授將其刃(八)，曰：從此下至淵者，將軍制(九)之。見其虛(一〇)則進，見其實(一一)則止。勿以三軍為眾而輕敵(一二)，勿以受命為重而必死，勿以身貴而賤人，勿以獨見(一三)而違眾(一四)，勿以辯說(一五)為必然(一六)。士未坐勿坐，士未食勿食，寒暑必同。如此，士眾必盡死力。

將已受命，拜而報君曰：臣聞國不可從外治，軍不可從中御(一七)。二心(一八)不可以事君，疑志(一九)不可以應敵。臣既受命，專斧鉞之威(二〇)。臣不敢生還(二一)，願君亦垂一言之命(二二)於臣。君不許臣，臣不敢將(二三)。君許之(二四)，乃辭而行。

軍中之事，不聞君命，皆由將出。臨敵決戰，無有二心。若此，則無天於上，無地於下，無敵於前，無君於後。是故智者為之謀，勇者為之鬥；氣厲青雲(二五)，疾若馳騖(二六)；兵不接刃，而敵降服。戰勝於外，功立於內。吏遷上賞，百姓歡悅，將無咎殃。是故風雨時節㉗，五穀豐登，社稷安寧。武王曰：善哉。

【今註】 ㊀立將：任命將帥也。㊁正殿：百官朝賀之殿。㊂不臣：不臣服也，即叛亂之意。㊃帥師應之：帥師，統率軍隊也；應之，應敵也。㊄鑽靈龜：古代占卜術之一種。㊅太廟：係國君之宗廟。㊆斧鉞：斧為斧頭；鉞為較闊之斧。君主授將帥以斧鉞，即是授將帥以全權之意。㊇君親操鉞，持首，……授將其刃：操鉞，君持鉞首授將以柄。操斧，君持柄以刃授將。此為古代頒授斧鉞的儀式。其意義是說：授鉞是國君以軍權授與將軍；將軍即秉鉞以指揮軍隊。如《尚書・牧誓篇》載：「王左杖黃鉞，右秉白旄以麾。」即是牧野之戰武王指揮作戰之形態。至於授斧以刃，乃是表示國君之權仍在君之手中，而使將軍有白刃在後之感。所以古代將帥在營帳中，常懸國君之斧於正中以示君威之監臨其左右，益增其戒慎恐懼之心。現在在司令部之禮堂與辦公室均懸掛元首之相片，其意義與此相同。但此等相片均非出自元首之親授，其與古代之親授相較，其鄭重性相去遠矣。㊈制：管制之意。㊉虛：敵人虛弱之處。⑪實：敵人堅強之處。⑫輕敵：輕視敵人也。⑬獨見：自己一人之見解。⑭違眾：違背眾人也。⑮辯說：善於辯論之言辭。⑯必然：必定合理之意。⑰中御：由中樞駕御之意，即國君從中樞直接干預軍中之事。⑱二心：臣子一心以奉上，若懷有異志則稱為二心。《漢書・王陵傳》：陵母泣對陵曰，無以老妾故持二心。⑲疑志：猶疑不定也；此處是說君上對於戰爭沒有堅定的信心；對於主將沒有堅確的信心之意。〈龍韜・軍勢章〉說：用兵之害，猶豫最大；三軍之災，莫過狐疑。⑳專斧鉞之威：君既以斧鉞授將，將得全權行事之意。㉑生還：活著回來之意。㉒垂一言之命：此處是將帥要求國君答應不干涉軍中之事之意。㉓將：作動詞用，是統率軍隊之意。㉔君許之：是國君答應不干涉軍中之事也。㉕青雲：青天白雲也。㉖馳騖，騖音ㄨˋ，奔馬也。㉗時節：按時調節之意。

【今譯】武王問太公：任命將帥之方式如何？太公對說：國家有難之時，國君避正殿不受朝賀，而於偏殿召見擬定之主將，而且說：國家之安危全在將軍。今某國不守臣職，願將軍統率軍隊前往征伐。將軍既已受命，國君乃命太史鑽靈龜以卜吉日；並先戒齋三日，至太廟以行頒授斧鉞之典禮。到了吉日，國君先入太廟正殿之門，立於東側，西向就主席之位。將軍隨後跟入，北面而立，面向先王靈座。國君親操鉞，持鉞之首部而以柄授與將軍。並說：由此上至於天，皆由將軍管制之。次又操斧，君持斧柄而以斧刃授與將軍。並說：由此下至於淵，皆由將軍管制之。授受既畢，國君並致訓詞：將軍用兵，見到敵人虛弱之處則進攻；見到敵人堅強之處則停止。勿以為三軍眾多而輕視敵人；勿以為受命深重而期必死；勿以為自已位高而賤視他人；勿以為一己之獨見而違背眾心；勿以辯給之言為合理而偏聽。士眾未坐，不可先坐；士眾未食，不可先食；嚴寒酷暑，必與士眾同其甘苦。如此，則士眾必能盡其死力以聽命。

主將已受君上之面命，乃再拜而報君上說：臣聞一國之事，經緯萬端，處斷在於君上，不能受外面的干預而治國。軍中之事，戎機萬變，處斷在於主將，不可受中樞的遙制而作戰。臣若懷有貪生怕死的二心，不可以事君上；君若懷有猶豫不定的疑志，不可以應敵。今臣既受君上之命，得專斧鉞之權。臣不敢望生還於國，但亦願君上授全權之命於臣，使臣得以專斷而從事。君上若不許臣，臣不敢受命而為將。

國君許給以全權，主將乃辭別君上，率軍出征。

「解」：本段係敘述國君任命將帥頒授斧鉞的儀式。在君臣之對話間，卻同時表達出國君授與軍權與軍權專一之重要性。

自此軍中之事，不聞君上之詔諭，祇聽將軍之命令。臨敵決戰，上下一心，無有疑二。如此，則上不限於天，下不阻於地，前無敵之敢當，後無君之牽制。因此，智者得以盡其謀，勇者皆能奮其力；士氣高昂，凌厲青雲，行動敏捷，速踰馳騖；兵不接刃，而敵降服。軍事戰勝於疆場，勳名記陳於臺閣；吏士懋遷，得膺秩祿之賞；百姓歡愉，羣慶和平之福。於是眾庶樂業，五穀豐登；聲威遠播，國家安寧，是則將之功也。武王說：善哉公言。

「解」：本段是敘述將帥不受中樞牽制之功效。

本章雖祇是敘述國君任命將帥頒授斧鉞之儀式與君臣間之對話，但其所表達之軍權統一的重要性，卻為軍事戰略上一條重大原則。〈武韜・兵道章〉說：「凡兵之道，莫過於一。一者能獨往獨來。」蓋在戰場之上，情況瞬息萬變，戰勝之道，端在握機乘勢，即刻執行。若遷延時刻，則戰機逸失，更無補救之方。所以將帥必須握有獨斷專行之全權，始能成其事功。此獨斷專行之全權，即在國君任命將帥時，於太廟中在天地神明監臨之下以授之也。所以本章在文字上雖祇敘述典禮之儀式，而在軍事戰略上卻為一項重大之事件，不可等閑視之。我國以後各代，也有登壇拜將的儀式，其意義與此相同。此乃由於像漢劉邦那樣起自民間的革命英雄，在那時還沒有太廟可拜，祇能築一高壇以求天地神明來監臨了。

將威第二十二（論軍中之賞罰）

一、本章為軍事統御學之第一篇。

二、信賞必罰賞由下層起罰由上層行。

武王問曰：將何以為威㈠？何以為明㈡？何以禁㈢止而令行？太公曰：將以誅大㈣為威，以賞小㈤為明；以罰審㈥為禁止而令行。故殺一人而三軍震㈦者，殺之。賞一人而萬人悅者，賞之。殺貴大，賞貴小。殺其當路貴重之人㈧，是刑上極也㈨。賞及牛豎馬洗廄養㈩之徒，是賞下通也。刑上極，賞下通，是將威之所行也。

【今註】㈠威：威嚴也。㈡明：清明也，明瞭上下之情況。㈢禁：禁令也。㈣誅大：是誅殺地位崇高之人。㈤賞小：賞地位低微之人。㈥罰審：罰得適當之意。㈦震：震懼也。㈧當路貴重之人：是指身居要職地位崇高之人。㈨刑上極也：是刑罰加於上級的極點。㈩牛豎馬洗廄養：牛豎，牧牛之卒；馬洗，洗馬之卒；廄養，馬廄之卒。

【今譯】武王問太公：主將如何立其威嚴而使人畏懼？如何示其清明而使人尊信？如何能使部下得禁令而禁止，得命令而奉行？

太公對說：主將以能誅殺地位崇高之人，則足以立其威嚴而使人畏懼。以能獎賞地位卑微之人，則足示其清明而使人尊信。賞罰審慎而得當，則足使禁令有效而禁止，命令惟謹而奉行。所以殺一人足以使三軍震懼，則殺之。賞一人足以使三軍歡悅，則賞之。刑罰貴行於上層；獎賞貴行於下層。誅殺及於身居要職地位崇高之人，是刑罰行於上層也。賞賜及於牛豎馬洗廄養之徒，是賞賜通於下層也。刑能極於上層，而賞能通於下層，則主將之威嚴自立，而三軍無不懷德畏威矣。

「解」：本章為軍事統御學之第一篇，論軍中之賞罰。賞罰必須公平而得當。信賞必罰；賞由下層起，罰由上層行，則軍紀自然嚴肅，軍譽自然遠播了。

勵軍第二十三（論鼓勵士氣）

一、本章為軍事統御學之第二篇。
二、將與士卒同甘苦。

武王問太公曰：吾欲三軍之眾，攻城爭先登，野戰爭先赴；聞金聲㈠而怒，聞鼓聲㈡而喜，為之奈何？

太公曰：將有三勝㈢。武王曰：敢聞其目？太公曰：將冬不服裘，夏不操扇，雨不張蓋㈣，名曰禮將㈤。將不身服禮，無以知士卒之寒暑。出隘塞㈥，犯泥塗㈦，將必先下步，名曰力將㈧。將不身服力，無以知士卒之勞苦。軍皆定次㈨，將乃就舍㈩；炊者㈡皆熟，將乃就食；軍不舉火㈢，將亦不舉，名曰止欲將㈢。將不身服止欲，無以知士卒之饑飽。

將與士卒共寒暑勞苦饑飽，故三軍之眾，聞鼓聲則喜，聞金聲則怒。高城深池，矢石⑭繁下，士爭先登；白刃始合⑮，士爭先赴。士非好死而樂傷也，為其將知寒暑饑飽之審，而見勞苦之明也。

【今註】㊀金聲：為退軍之號音。②鼓聲：為進軍之號音。③三勝：三項致勝之道。④蓋：雨傘也。㊄禮將：守禮之將也。⑥隘塞：狹隘堵塞之地。⑦泥塗：泥濘之地。⑧力將：勇健之將也。㊈定次：次為止而就舍之意；又止舍之地亦曰次，如營次為紮營之地。定次，即軍隊已紮營也。⑩舍：止宿之房舍也。⑪炊者：炊事之卒。⑫舉火：點火也。⑬止欲將：為不求安飽，能節制嗜欲之將也。⑭矢石：矢為箭；石為弩石。⑮合：刀兵交鋒之意。

【今譯】武王問太公：我要三軍之眾，攻城時爭為先登，野戰時爭相前進。聽到退軍的金聲，則人懷怒心；聽到進軍的鼓聲，則眾皆歡悅，其方法將如何？

太公對說：為將有三項致勝的方法。武王再問：敢問三項致勝方法，其內容如何？太公說：為將，在冬天不服裘；在夏天不揮扇；在雨天不張傘，以與士卒同其寒暑乾濕，此為守禮之將。為將而不身自守禮，則無以知士卒之寒冷與燠熱。在行動時，進行於狹隘阻塞之道路，跋涉於泥濘沮洳之地形，將必下騎步行以與士卒同其艱苦，此為勇健之將。為將而不身自勞力，則無以知士卒之艱苦。軍安營時，全軍都已安定營次，將始進而就舍；士卒炊爨皆熟，將始進而就食；軍未舉火以炊，將亦不舉，此為節制嗜慾不求安飽之將。為將而不身自節制嗜慾，則無以知士卒之饑飽。為將而能與士卒同其寒暑勞苦饑飽，則三軍之眾，無不願為其出死力。所以士卒聽到進軍之鼓聲，則踴躍而喜；聽到退軍的金聲，則忿憤而怒。攻敵之高城深池時，雖敵人之羽箭弩石紛紛射下，士卒無不奮勇先登。若在野戰，白刃既交，士卒無不踴躍前趨。三軍之眾之所以如此者，並非為愛死而樂於傷也，乃是因為其將能深知士眾寒暑饑飽和勞苦之詳審，願盡死力以相報效也。能如此，則士氣奮發，自然戰必勝攻必取矣。

「解」：本章為軍事統御學之第二篇，論鼓勵士氣。將與士卒同其寒暑勞苦饑飽，為鼓勵士氣最重要之方法。

陰符第二十四（論祕密通信之一）

「解」：陰符為古代祕密通信方法之一種。符以銅版或竹木版製成，面刻花紋，一破為二，以花紋或尺寸之長短為祕密通信之符號。有畫虎頭的稱為虎符，最為貴重，專為國君與主帥通信發兵之用。古有稱將帥手握虎符。即表示其權威之重。戰國時代信陵君竊符救趙，即盜竊此項發兵之兵符。此種通信方法，在現代已廢棄不用，本章內容無甚深義，學者可以不讀。原文移於後編，備供參考。

又《陰符經》係另一部書，與本章無關。

陰書第二十五（論祕密通信之二）

「解」：陰書為古代祕密通信方法之另一種。陰符祇能傳遞一種符號，不能敘述情節。要詳述情節，則用陰書。其方法將一書簡，分割為若干部分，分別遣人傳遞。合之則為一簡，分之則無法讀解。此種通信方法，在現代已廢棄不用。本章內容無甚深義，學者可以不讀。原文移於後編，備供參考。

軍勢第二十六（論軍勢戰略中攻擊之戰術）

一、進攻之要在乘勢握機。

二、要領在計謀之密敵情之明握機之速打擊之烈。

三、用兵之要切戒猶疑。

武王問太公曰：攻伐(一)之道奈何？太公曰：勢因敵之動(二)，變生於兩陣之間(三)，奇正發於無窮之源(四)。故至事(五)不語，用兵不言。且事之至者，其言不足聽也。兵之用者，其狀不定見(六)也。倏(七)而往，倏而來，能獨專(八)而不制(九)者兵也。

聞則議(一〇)，見則圖(一一)，知則困(一二)，辨則危(一三)。

故善戰者，不待張軍(一四)。善除患者，理(一五)於未生。勝敵者，勝於無形。上戰(一六)無與戰。故爭勝於白刃之前者，非良將也。設備於已失之後者，非上聖(一七)也。智與眾同，非國師(一八)也，技與眾同，非國工也。

事莫大於必克(一九)，用(二〇)莫大於玄默(二一)，動莫大於不意(二二)，謀莫大於不識㉓。

夫先勝者，先見㉔弱於敵而後戰者也。故事㉕半而功倍也。聖人徵㉖於天地之動，孰知其紀㉗。循陰陽之道而從其候㉘。當天地盈縮㉙，因以為常。物有生死，因天地之形。故曰：未見形㉚而戰，雖眾必敗。

善戰者，居之㉛不撓㉜，見勝則起㉝，不勝則止㉞。故曰：無恐懼，無猶豫㉟。用兵之害，猶豫最大；三軍之災，莫過狐疑㊱。

善戰者，見利不失，遇時不疑。失利後時，反受其殃。故智者從之而不失；巧者一決而不猶豫。是以疾雷不及掩耳，迅電不及瞑目。赴之㊲若驚，用之㊳若狂；當之者破，近之者亡，孰能禦之。

夫將，有所不言而守者，神也。有所不見而視者，明也。故知神明之道，野無橫敵㊴，對㊵無立國。武王曰：善哉。

【今註】㈠攻伐：用兵進攻也。㈡勢因敵之動：軍事形勢是因敵之行動而有變化。舊本敵字下有一家字，衍，茲刪去。㈢變生於兩陣之間：權變產生於兩方對陣之時也。㈣奇正發於無窮之源：源字是智慧之意；整句是說：奇正之變化是發於將帥無窮之智慧。㈤至事：重大之事也。㈥定見：一定之見解。㈦倏：音ㄕㄨˋ，忽然也。㈧獨專：獨斷專行也。㈨制：牽制也。㈩聞則議：聞，為敵人所聽聞；議，謀議也。(十一)見則圖：見，為敵人所發見；圖，謀也。(十二)知則困：知，敵人探知我之計謀；困，困擾也。(十三)辨則危：辨，敵人辨識我之企圖；危，危害也。(十四)張軍：軍隊展開列陣之意。(十五)理：處理也。(十六)上戰：最高之戰略。(十七)上聖：上智也。(十八)國師：一國之師也。(十九)必克：必勝也。(二十)用：用兵之意。(二十一)玄默：玄祕而緘默不言。(二十二)不意：出敵不意也。(二十三)不識：敵人不能辨識之意。(二十四)見：音ㄒㄧㄢˋ，現示也。(二十五)事：舊本作士字，訛。(二十六)徵：明也，有觀察之意。(二十七)紀：極也。(二十八)候：節候也。(二十九)天地盈縮：指四季之中日夜有長短；一月之中月光有盈虧之意。(三十)形：敵人之形態也。(三十一)居之：軍隊停止待機之時。(三十二)不撓：不撓曲也。(三十三)起：行動也。(三十四)止：停止也。(三十五)猶豫：猶為一種猿猴，善上樹而性多疑，聞有聲音即上樹躲藏，久之乃下，旋又再上再下，反覆不停。因之，多疑不決，稱之為猶豫。(三十六)狐疑：狐性多疑，河冰初合，必帖耳而聽，不聞水聲，乃敢履冰而過。故稱多疑之人為狐疑。(三十七)赴之：向前進攻之意。(三十八)用之：用兵也。(三十九)橫敵：橫暴之敵也。(四十)對：相對也。

【今譯】武王問太公：用兵進攻之方法如何？太公對說：進攻之戰術，端在乘勢握機。勢是依敵人行動而變化；權變是產生於兩方對陣之間；運用奇正以掌握戰機，則賴無窮之智慧。所以至要之事，不可以語露；用兵之謀，不能以言傳。而且事之至要者，祇能默運於心，言之不能盡其辭。用兵之謀，在於神祕莫測，不可拘守一定之成見。忽然而往，忽然而來，能獨斷專行而不受牽制，則為用兵制勝之要道。

「解」：本段為進攻戰術之總綱。內容分為二項：第一，進攻制勝在於乘勢握機。迅速運用奇正變化以掌握此一戰機，則賴將帥無窮之智慧。孫子說：「兵無常勢，水無常形。能因敵變化而取勝者謂之神。」即是由此而出，但卻沒有像太公那樣說得明白。第二，為保守機密。兵機是要默運於心，神化莫測，所以至事不語，用兵不言。

例如唐太宗與隋兵宋老生霍邑（今山西省霍縣）之戰（西元六一七年）；唐兵以太子李建成率主力攻城東；太宗率一部為奇兵，攻城南。接戰之時，建成墜馬，唐兵後退。宋老生乘勝突進。太宗窺破戰機，從左翼掩襲隋兵，遂擒宋老生而獲得勝利。此為因敵變化而取勝之一個戰例。

作戰言論為敵人所聽聞，敵必預議對我之策略。行動為敵人所發見，敵必預作對我之圖謀。敵若偵知我之企圖，則必為其所困擾。敵若辨識我之行動，則必為其所危害。

所以善於用兵的，不待於軍隊之列陣。善於除患的，消弭禍害於未生。善於勝敵的，勝於戰爭之未形。最高的戰略，是使世上沒有與我為敵之人。所以與敵人爭勝於白刃之前的，不可稱之為良將。設置守備於失敗之後的，不可稱之為上智。智慧與眾人相同的，不可稱為一國之良師。技藝與眾人相同的，不可稱為一國之良工。

軍事之要，莫大於求戰爭之必勝。用兵之要，莫大於計謀之神祕與緘默。行動之要，莫大於出敵人之不意。謀劃之要，莫大於使人不能辨識。

「解」：本段是說明戰爭之勝利在於謀之密。內分為三小段：首段是敘述計謀洩漏之禍害。二段是敘述用高度智慧以潛謀默運，則可戰勝敵人於無形。所謂「上戰無與戰」，就是說使世上沒有與我為敵的人，乃是最高無上的戰略。三段是總結上文，敘述戰爭之求必勝，在於設計使敵人不能辨識之計謀，起而作出敵不意之行動，而尤要在保持計謀與行動之祕密。

求必勝之道，在於先示敵以怯弱之形，誘使敵人暴露其形態而後與之接戰，則事半而功倍。聖人觀於天地之動，雖無法探知其終極。但循陰陽之循環，可知節候之推移。當天地歲時之盈縮成為常規，就知道萬物之生死，是因天地之運行而成為定則。敵人之形態變化，亦是如此。就其已露之形以推斷，則我自可作必勝之行動。所以說，未見敵人之形而與之接戰，是一種盲目之行動，兵眾雖多，亦必敗亡。

「解」：本段是說明明瞭敵情之重要性。首段說以計謀誘使敵人暴露其形態。此種方法，現代稱為偵察戰、搜索戰，或稱為引誘戰。所謂引誘戰，方法甚為繁多，如孫子所說的詭道，如能而示之不能，用而示之不用，近而示之遠，遠而示之近，利而誘之，亂而取之，怒而撓之，卑而驕之，以及三十六計中圍魏救趙、瞞天過海、明修棧道、暗渡陳倉、調虎離山、金蟬脫殼等，都是所謂引誘戰，都可以引誘敵人暴露其弱點，給與我攻擊之良好機會。

其次是說明由天地之循環，可以知道節候之推移與萬物之生死。由敵人暴露之形態，可以推斷出其未來之行動與其弱點之所在。

最後是說如果不明瞭敵情而與之接戰，則為盲目之戰爭，必致失敗，此為對於將帥鄭重之箴言。善於用兵之人，在停留待機之時，靜謐不撓。見到可勝之機，則起而行動；見到不可勝之狀，則靜而勿動。無所恐懼，無所猶豫。用兵之害，猶豫最大；三軍之災，莫過狐疑。

總之，見有利不可失去；遇時機不可遲疑。失去有利與錯過時機，將反受其殃。所以，智者速乘戰機而不失；巧者毅然決斷而不猶豫。其行動有如疾雷不及掩耳，迅電不及瞑目。奔赴之急，有如受驚；用力之猛，有如發狂。當之者破滅，遇之者敗亡。以如此兇猛之勢以進攻，其誰能禦之。

「解」：本段是說明靜窺戰機，掌握戰機，迅速進攻，與猛烈打擊之重要性。文中反覆說出掌握戰機以行進攻，為勝利之基礎；而猶豫不決為失敗之根源。

夫為將，有不言而能守備完固者，是其神之周至也。有不見而能察及隱微者，是其明之燭照也。所以神明之將，守於無形，見於未萌，則野無橫暴之敵，境無對立之國，是則用兵之要道也。武王說：善哉公言。

「解」：本段總結上文，是說神明之將，野無橫暴之敵，境無對立之國。

本章為軍事戰略中攻擊戰術之總則，為本書甚為重要之一章。所謂戰略與戰術，其範圍分野，頗為模糊不清。大體言之：屬於調度與部署軍隊造成有利之形勢，或祕密發明新武器與新裝備，突然出現足以造成控制戰場之形勢，此諸行動概屬於戰略範圍。在戰場上根據戰略思想以實行作戰諸行動，則屬於戰術範圍。如周殷牧野之戰時，周軍於殷紂王三十三年（西元前一一二二年）正月二十八日在孟津渡過黃河後，以急行軍於二月初三日到達牧野，造成先敵到達戰場之形勢，又祕密製造四馬駢駕之快速戰車以創造戰車突破之戰略，均屬於戰略範圍。至於在次日清晨，周軍乘紂軍初到，正在列陣之際突然施行突破之攻擊，則屬於戰術範圍。本章所述，均為戰場上之攻擊行動，故稱為攻擊戰術。

本章內容，共分為五段：首段提示乘勢握機為攻擊制勝之要訣。二段說明謀之密，始能出敵不意而制勝。三段說明明瞭敵情，為發見戰機之重要方法。四段說明掌握戰機，須迅速以赴；猶豫遲疑，將反受其殃。五段為全章結言，說明神明之將，守於無形，見於未萌，則野無橫暴之敵，境無對立之國。

奇兵第二十七（論戰術要則）

一、戰爭之勝敗在於神與勢之運用。

二、神與勢是用各種戰術行動以造成。

三、由敵人之戰術行動推斷其企圖定克敵之策。

武王問太公曰：凡用兵之法，大要何如？太公曰：古之善戰者，非能戰於天上，非能戰於地下；其成與敗，皆由神勢㊀。得之者昌，失之者亡。

夫兩陣之間，出甲陳兵，縱㊁卒亂行者，所以為變㊂也。深草蓊翳㊃者。所以遁逃也。谿谷險阻者，所以止車禦騎也。隘塞山林者，所以少擊眾也。坳澤窈冥㊄者，所以匿其形也。清明無隱者，所以戰勇力也。疾如流矢，擊如發機㊅者，所以破精微㊆也。詭伏㊇設奇，遠張誑誘㊈者，所以破軍擒將也。四分五裂㊉者，所以擊圓破方也。因其驚駭者，所以一擊十也。因其勞倦暮舍㊁者，所以十擊百也。奇技者，所以越深水渡江河也。強弩長兵者，所以踰水戰也。長關遠候⑫，暴疾謬遁⑬者，所以降城服邑也。鼓行讙囂⑭者，所以行奇謀也。大風甚雨者，所以搏前擒後也。偽稱敵使者，所以絕糧道也。謬號令⑮，與敵同服者，所以備走北⑯也。戰必以義⑰者，所以勵眾勝敵也。尊爵重賞者，所以勸用命也。嚴刑重罰者，所以進罷怠⑱也。一喜一怒，一予一奪，一文一武，一徐一疾者，所以調和三軍，制一臣下也。處高敞者，所以警守⑲也。保險阻者，所以為固⑳也。山林茂穢㉑者，所以默往來也。深溝高壘，積糧多者，所以持久也。

故曰：不知戰攻之策，不可以語敵。不能分移㉒，不可以語奇。不通治亂，不可以語變。

故曰：將不仁，則三軍不親。將不勇，則三軍不銳。將不智，則三軍大疑㉓。將不明，則三軍大傾㉔。將不精微，則三軍失其機。將不常戒㉕，則三軍失其備。將不強力，則三軍失其職。故將者，人之司命㉖，三軍與之俱治，與之俱亂。得賢將者，兵強國昌。不得賢將者，兵弱國亡。武王曰：善哉。

【今註】㈠神勢：神，神明神化神祕之意；勢，形勢也。㈡縱：放縱也。㈢變：變詐也。㈣蓊翳：音ㄨㄥˇ ㄧˋ，草木茂盛也。㈤坳澤窈冥：坳澤，水澤低窪之地；窈冥，蔭蔽也。坳：音ㄠˋ，窈：音ㄧㄠˇ。㈥發機：如機弩之發射。㈦精微：精密細緻的設施。㈧詭伏：詭謀設伏也。㈨遠張誑誘：遠張，虛張聲勢也；誑誘，誆騙誘敵也。㈩四分五裂：軍隊分散成為若干小隊之意。⑪暮舍：日暮就舍也。⑫長關遠候：長關，遠地設關以守；遠候，遠派偵探也。⑬暴疾謬遁：暴疾，行動急速也；謬遁，詐偽逃遁也。⑭讙囂：諠譁叫囂也。讙，音ㄏㄨㄢ。⑮謬號令：假的號令也。⑯走北：退走也。⑰戰必以義：乃對外以義戰為宣戰以鼓勵士氣也。⑱罷怠：疲勞怠忽也。⑲警守：警戒守備也。⑳固：堅固也。㉑茂穢：茂密穢亂也。㉒分移：分散移動之意。㉓大疑：眾心疑懼也。㉔傾：倒下也。㉕戒：警戒也。㉖司命：掌握命運之意。

【今譯】武王問太公：凡用兵之法，其大要如何？太公對說：古之善於用兵之人，非能戰於天之上，非能戰於地之下。其成與敗，皆是由於神與勢之運用。由神化莫測之計謀所造成之兵勢，敵人自然無法加以抵抗。所以能得用兵神勢的，國運因以昌盛。不能得用兵神勢的，國運必趨於敗亡。

「解」：本段是說明戰爭之勝敗，在於神與勢能否造成。而神勢之造成，則賴於各種戰術行動之施行。

在敵我兩陣之間，出甲陳兵之時：

有放縱其士卒亂其行列的，乃是用變詐以誘騙敵人之方法。

有處軍於深草茂密之地的，乃是用為隱匿便於退走之方法。

有占領谿谷險阻之地的，乃是用為阻礙敵人車騎之方法。

有占狹隘阻塞叢山密林之地的，乃是用為以寡擊眾之方法。

有處軍於水澤低窪窈冥蔭蔽之地的，乃是用為隱蔽其行動之方法。

有列陣於平曠開闊無隱蔽之地的，乃是用為與敵人鬥勇之方法。

有採取迅疾猛烈之行動如流矢發機的，乃是用為擊破敵人精細詳密計畫，使其不及轉變之方法。

有用詭計埋伏，施設奇兵，作各種虛張誑誘之計的，乃是用為破敵軍擒敵將之方法。

有將其軍隊分為若干縱隊以分進合擊的，乃是攻擊敵人方陣圓陣之方法。

有乘敵人驚駭之時而加攻擊的，乃是以一擊十之方法。

有乘敵人疲勞或黃昏宿營之時而加以攻擊的，乃是以十擊百之方法。

有用奇巧的技術，如架橋門舟纜索等，乃是用為渡水濟河之方法。
有用長柄刀矛與射遠強弩的，乃是用為隔水對戰之方法。
有於遠處設置警戒哨兵與偵探，行動迅疾而進退詭詐的，乃是用為降敵之城與服敵之邑之方法。
有擊鼓喧噪，混亂行列的，乃是用為亂敵耳目以暗行奇謀之方法。
有乘暴風疾雨以進攻的，乃是乘敵戒備困難之時以行進攻之方法。
有偽裝敵人的官吏潛行於敵人後方的，乃是用為破壞敵人糧道之方法。
有謬發偽令，穿著敵服，以亂敵耳目的，乃是準備退走之方法。
有對其部屬作義憤慷慨之陳辭，乃是用為激勵士氣以求戰勝之方法。
有用尊爵重賞以鼓勵將士的，乃是用為激勵其盡力效命之方法。
有用嚴刑重罰以懲戒其部屬的，乃是用為督策懈怠以振衰疲之方法。
有在人事處理上，一喜一怒，一用一黜，一文一武，一緩一速以用人的，乃是為調和三軍，制一部下之方法。
有處軍於高敞臨下之地的，乃是為便於警戒與防守也。
有占領險隘阻塞之地的，乃是為便於防守之固也。
有駐軍於山林茂密之地的，乃是為隱蔽往來之行動也。
有深掘壕溝，高築壁壘，多儲糧食的，乃是為持久作戰之計也。

以上二十六種戰術行動，都是為造成神與勢的重要方法。所以說：將帥如果不深知戰術的策略，則不可與語對敵之作戰；如果不明悉奇正分合進退的運用，則不能與語出奇制勝的用兵；如果不瞭解整亂靜譁的功能，則不能與語奇謀詭計的變化。

「解一」：本段是敘述二十六種戰術行動，為造成神和勢的重要方法。所謂神和勢，就是神祕莫測的去運用奇正、分合、進退、整亂、靜譁等各種變化，以造成兵勢和兵機，出敵不意以進攻敵人之意。但是在敵人方面，也會施行各種戰術以求建立其神和勢。所以窺破敵人各種戰術行動之目的，尤為打擊敵人神和勢的重要方法。

所以說：將帥如不仁愛，則三軍疏而不親。將帥如不勇敢，則三軍柔而不銳。將帥如無智謀，則三軍疑懼失其信心。將帥如無明見，則三軍傾亂失其憑依。將帥如不精詳微妙，則三軍將失其制勝之機。將帥如不審慎警戒，則三軍將失其固守之備。將帥如不威嚴，則三軍將懈怠玩忽而失其職守。所以將帥乃是掌握三軍命運之人。三軍可以與之共同整治而雄強；也可以與之共同散亂而衰弱。國家能得到賢將，則兵強而國昌；不能得到賢將，則兵弱而國亡。武王說：善哉公言。

「解一」：本段是總結全章，是說明將帥須具備運用神勢和窺破敵人神勢之智慧與才能。本章是敘述戰爭之勝敗，在於神勢之造成與運用；而神勢之造成，則在各種戰術行動之慎密施行。所以就其內容上看，是各種戰術行動之要則，而其主旨上則為造成神勢之要則也。

五音第二十八（論聽聲音以知勝敗）

「解」：本章論聽聲音足以知三軍之消息，事近玄虛。文內言五行生剋、青龍白虎等，乃陰陽家之言，恐係後人所摻入。內容無甚深義，學者可以不讀。原文移於後編，備供參考。

兵徵第二十九（論勝敗之徵兆）

一、由士兵言行可以觀士氣。
二、由陣營整亂可以觀紀律。
三、由自然雲氣可以觀勝敗。

武王問太公曰：吾欲未戰㈠先知敵人之強弱，預見勝敗之徵，為之奈何？

太公曰：勝敗之徵，精神先見㈡，明將察之，其效在人。謹候㈢

敵人出入進退，察其動靜，言語妖祥㈣，士卒所告㈤。凡三軍悅懌，士卒畏法㈥，敬其將命；相喜㈦以破敵，相陳㈧以勇猛，相賢㈨以威武，此強徵也。三軍數驚㈩，士卒不齊；相恐⑪以強敵，相語以不利；耳目相屬，妖言不止，眾口相惑；不畏法令，不重其將，此弱徵也。

三軍齊整，陣勢以固，深溝高壘，又有大風甚雨之利；三軍無故⑫，旌旂前指⑬，金鐸⑭之聲揚以清，鼙鼓⑮之聲宛以鳴。此得神明之助，大勝之徵也。行陣不固，旌旂亂而相遶⑯；逆大風甚雨之利；士卒恐懼，氣絕而不屬⑰；戎馬驚奔，兵車折軸；金鐸之聲下以濁，鼙鼓之聲濕以沐⑱。此大敗之徵也。

凡攻城圍邑，城之氣⑲色如死灰⑳，城可屠㉑。城之氣出而北，城可克。城之氣出而西，城可降。城之氣出而南，城不可拔。城之氣出而東，城不可攻。城之氣出而復入，城主㉒逃北。城之氣出而覆我軍之上，軍必病。凡攻城圍邑，過旬不雷不雨，必亟去之，城必有大輔㉓。此所以知可攻而攻，不可攻而止。

武王曰：善哉。

【今註】㈠未戰：在未接戰之前。㈡見：音ㄒㄧㄢˋ，現示也。㈢候：偵伺之意。㈣妖祥：妖，妖異之言；祥，吉祥之言。㈤告：互相告語，是閒談之意。㈥畏法：畏懼犯法也。㈦相喜：相互喜悅也。㈧相陳：相互敘談也。㈨相賢：相互讚美也。㈩數驚：數次驚起也。⑪相恐：相互恐嚇也。⑫無故：平靜無事之意。⑬前指：向前方排列之意。⑭金鐸：金為鑼；鐸為鈴。⑮鼙鼓：鼙為小鼓，鼓為大鼓。⑯遶：與繞通，交相纏繞也。⑰不屬：不相連接也，就是上氣不接下氣之意。⑱濕以沐：是鼓淋濕後敲不響的聲音。⑲氣：雲氣也，古有望氣之人，見雲氣能辨吉凶。⑳死灰：慘白色也。㉑屠：屠殺也。㉒城主：守城之主將也。㉓大輔：偉大的輔佐之臣。

【今譯】武王問太公：我想要在未戰之前，先知敵人強弱之勢，預見其勝敗之徵兆，其方法如何？

太公對說：戰爭勝敗之徵兆，精神上常是表露於外的，明智之將多能察知之，其效應都是在人之行為上。我們要詳細偵伺敵人之出入進退，審察其動靜，言語之妖祥，士卒相互之閒談。大凡三軍之眾，心情愉快，遵守法令，尊敬長官，服從命令；相喜以破敵之事，相談皆勇猛之行；威武勇敢，普受讚美。此為強兵之徵兆。反之，三軍之眾，頻起驚囂；士卒散亂不整；相恐以敵人之強盛，相語皆戰鬥不利之言；耳目所及，多有妖言怪事，交相煽惑；不畏法令，不敬長官，此為弱兵之徵兆。

又凡三軍行動整齊，陣勢堅固，壘高溝深，旌旂顯明，軍威靜肅，金鼓之聲，清揚宛鳴；又得大風甚雨之利，此乃上得天地神明之祐，乃大勝之徵兆也。反之，三軍陣勢不固，旌旂紊亂；士卒驚惶恐懼，行動混擾，氣色沮喪；戎馬狂奔，兵車折軸；金鼓之聲，木然不清；又逆大風暴雨之不利，此乃大敗之徵兆也。

凡攻城圍邑，觀其城中上空的氣象，可以知進攻之順利或不順。若城中上空烟塵亂起，火燄上衝，是必城內秩序混亂，搶掠橫行，軍隊紀律廢弛，則其城可攻而克。若其上空氣象清明，炊烟整齊，是必秩序安定，糧食充足，軍隊紀律嚴明，則其城難以攻克。如其城中雲塵越城而出，則為其軍隊出城之現象。其方向如順我之進攻方向，則為逃遁；如向左右出者，則為其部署而活動；如出復返者，則為混亂；如由遠方而來進入城中，則為其增援之到達，此皆可由其雲塵之浮動而覘知之。又風向足以助雲塵之流動。若風向順我進攻之方向，則將我方之塵土吹向敵方，使其矢石失其利，耳目失其明，則於我之進攻為有利。反之，則不利於我軍之進攻，應俟諸風停雲清之日以再舉也。總之，可攻則進攻，不可攻則停止，不可勉強而從事。

武王說：善哉公言。

「解」：本章係論軍隊勝敗之徵兆，其效應由士兵之言行，足以觀其士氣之旺盛或衰疲；由陣營之整亂，足以觀其紀律之嚴明或鬆弛；由自然雲氣之流動，足以觀其進攻之順利或不順。在現代傳統性戰爭中，此各項原則，亦有其參考價值。

農器第三十（論總體性戰爭）

一、運用生活工具為戰鬥工具。
二、運用生活技術為戰鬥技術。
三、運用生活組織為戰鬥組織。
四、運用生活工程為戰鬥工程。

武王問太公曰：天下安定，國家無爭。戰攻之具，可無修乎？守禦之備，可無設乎？

太公曰：戰攻守禦之具，盡在於人事。耒耜㈠者，其行馬蒺藜㈡也。

馬牛車輿[三]者，其營壘蔽櫓[四]也。鋤耰[五]之具，其矛戟也。蓑薛[六]簦笠[七]，其甲冑也。钁鍤[八]斧鋸杵[九]臼，其攻城器也。牛馬，所以轉輸糧也。雞犬，其伺候[一〇]也。婦人織紝[一一]，其旌旂也。丈夫平壤[一二]，其攻城也。春鏺[一三]草棘[一四]，其戰車騎也。夏耨[一五]田疇[一六]，其戰步兵也。秋刈[一七]禾薪[一八]，其糧食儲備也。冬實倉廩[一九]，其堅守也。田里相伍[二〇]，其約束符信[二一]也。里有吏，官有長，其將帥也。里有周垣[二二]，不得相過，其隊分也。輸粟取芻[二三]，其廩庫也。春秋治城郭，修溝渠，其塹壘也。

故用兵之具，盡[二四]於人事也。善為國者，取於人事。故必使遂[二五]其六畜[二六]，闢其田野，究[二七]其處所。丈夫治田有畝數，婦人織紝有尺度，其富國強兵之道也。武王曰：善哉！

【今註】 [一]耒耜：音ㄌㄟˇ ㄙˋ，為農民耕作的工具，耒為柄，耜為鋤，均以木製成。[二]行馬蒺藜：

行馬、為拒馬；蒺藜，音ㄐㄧˊ ㄌㄧˊ，為刺狀的障礙物。㊂輿：車身也。㊃櫓：音ㄌㄨˇ，大楯也；又在兵車之上設望樓，亦曰櫓。㊄鋤耰：鋤音ㄔㄨˊ，為農人掘地的工具；耰音ㄧㄡ，為農人覆土的工具。㊅蓑薛：為草編成農人用的雨衣，以後則用棕櫚絲編成，稱為蓑衣。㊆簦笠：簦音ㄉㄥ，雨傘也；笠音ㄌㄧˋ，為箬葉做的雨帽。㊇钁鍤：钁音ㄐㄩㄝˊ，大鋤也，用以掘地；鍤音ㄔㄚˊ，鍬也，用以起土。㊈杵臼：杵音ㄔㄨˇ，舂米之器。㊉伺候：偵察時間也，即報時之意。⑪紝：音ㄖㄣˋ，繒帛也。⑫平壤：平土也。⑬鏺：音ㄆㄛ，刈草也。⑭棘：荊棘也。⑮耨：音ㄋㄡˋ，耘草也。⑯田疇：田畝也。⑰刈：音ㄧˋ，割禾也。⑱薪：柴也。⑲廩：音ㄌㄧㄣˇ，藏之米倉也。⑳伍：居田里之人民，以五男丁編為一伍，乃是人民的組織。㉑符信：古時以符為信號，見〈陰符章〉。㉒周垣：為四周的牆垣。㉓芻：餵馬的草也。㉔盡：盡其力也。㉕遂：順也。㉖六畜：馬牛羊雞犬豕也。㉗究：研究而定之意。

【今譯】武王問太公：天下安定，國家無戰爭之時，戰攻的器具，可以不修麼？守禦之備，可以不設麼？

「解」：本段是武王安不忘危，治不忘亂，為國家謀長治久安而提出的問題。

太公說：天下安定，國家無戰爭之時，對於戰攻用的器具，當於平時人民生活中籌劃之。將農民耕作用的耒植於地上，則可作為軍用的拒馬；將耜埋於地上，則可作為軍用的蒺藜。農作用的牛車和馬車，其車身可用作營壘的蔽楯。農作用鋤耰，可用為軍用的矛戟。農民用的蓑衣、雨傘和笠帽，可用為軍用的雨衣和雨帽。農民掘土用的钁和鍤，伐木用的斧和鋸，舂米用的杵和臼，都可作為軍用攻城的工具。農民所用耕作的牛和馬，可以用為運輸糧食。雞之司晨，犬之守夜，可用為軍事的偵伺與報更。婦女所織的繒帛，可製作軍用的旌旂。男子平定土壤的技術，可以協助軍事的攻城。春天農人鏟刈草棘的方法，可用為戰時對敵之車兵騎兵的作戰。夏天農人耘耨田畝的方法，可用為戰時對敵步兵的作戰。秋天農人刈割禾與薪，即所以儲備戰時的糧食。冬天農人充實倉和廩，即可作為戰時持久的守備。居於田里之人民，以五丁編為伍，十伍編為鄰，十鄰編為里；平時耕於野，戰時聚為卒，即所以為戰時動員的準備。里設吏，鄉設長，平時管理人民，戰時即可用之為將帥。每里於周圍築設圍牆以分隔開來，戰時則可作為守備的區分而固其內部的防守。平時的輸粟取芻，即所以為戰時倉廩的儲備。春秋二季，修治城郭，疏濬溝渠，即所以修治戰時之塹壘也。

「解」：本段是說明人民平時所用於工作的工具、工作的技術、積儲的糧食和繒帛、以及伍鄰里鄉的組織、牆垣溝渠的修治等，均可作為戰時攻戰和守備之用。

由於以上所述，可知用兵的器具，均可在人民平時生活中去籌劃之。所以善於治國的人，皆重視人民平時的生活，必使人民豢養其六畜，無失其時；闢其田野，無使荒蕪；定其居所，無使雜處；丈夫治田有畝數，則糧食充足；婦女織紝有尺度，則衣著富裕。此即為平時富國，戰時強兵之要道也。武王說：善哉公言！

「解」：本章為軍略中最為重要的一章，為中國最為古老的總體戰爭理論與其計畫，也是世界上最古老的總體戰爭理論與其計畫。總體戰爭這一名詞，為現在世界上人人皆知的一個名詞，也是為現在世界上所有的國家所盡力以赴的事。考其起源：最早是由於法國大革命後法國王家軍隊崩潰，其時外有俄奧普英諸國聯軍進迫國境，國家在內外煎迫危急存亡之秋，乃有傑出的軍政部長卡諾（Carnot 1758-1823）頒布全國徵兵令，命全國青年入營從軍，保衛國家；並令老年及婦女起而為軍事需要的各種生產服務，因而組成國民軍以擊退強敵。其後普魯士將軍夏倫荷斯特（Scharnhorst 1755-1813）仿其意制定徵兵法，因此就創立了軍事動員制度。到了第一次世界大戰，德國興登堡元帥（Hindenburg 1847-1934）頒布興登堡計畫，於是乃有國家總動員的制度。第一次大戰後，德國魯登道夫將軍（Ludendorff 1865-1937）著《總體戰爭》一書，說將來的戰爭，必定是全民總體性的戰爭。而在第二次世界大戰中，各國政府確實都是依照此種思想以實行，以致殺傷數百萬人，而毀損的財產以百億計，造成了世界上空前無比的浩劫。

太公說：兵者，國之大事，存亡之道。所以現在世界各國，莫不對總體戰爭作兢兢業業的努力以保衛國家。不謂我國在三千餘年以前，太公已有此種完備的總體戰爭理論和計畫，這真是兵學界一件絕大驚人之事。就本章內容而言，太公對於人民生活所使用的工具和技術，莫不可以移作戰鬥衛國之用，此外對於人民的組織、倉儲的存積、以及城郭的修治等，都是運用人民日常生活以完成。其精密周詳，較之卡諾的國民徵兵令何啻十倍，就是現在精細研究總體戰爭的人，也沒有能超過他的，太公真是一位智慧絕頂的人，值得我們欽佩無已。以後周國就以此種制度行之一十七年，終能以百里見方之地與十餘萬人民的小國，出兵四萬五千人以擊滅殷紂的暴政，並進而統一全國，皆是受此一制度之賜也。現在我們已是進入總體戰爭的時代了。儕輩間往往有援引外國軍事家某某某某之所言，以自炫自豪的。我們若仔細一讀《太公六韜》的〈農器〉一章，就知道我們三千餘年前的老祖宗都已說過了，真是使人感奮無已。

第四篇　虎韜（軍事戰術學之一）

軍用第三十一（論武器）

一、太公創四馬駢駕快速戎車為武器之創新。
二、太公用快速戎車以行突破為戰略之創新。

武王問太公曰：王者舉兵㈠，三軍器用，攻守之具，科品眾寡，豈有法乎？太公曰：大哉王之問也。夫攻守之具，各有科品，此兵之大威也。武王曰：願聞之。

太公曰：凡用兵之大數㈡，將甲士萬人。法用武衛大扶胥㈢三十六乘，車四馬駢駕㈣，車輪高六尺，車上立旂鼓，材士強弩矛戟為翼。兵法謂之震駭，陷堅陣、敗強敵。武翼大櫓矛戟大扶胥㊄七十二乘，車輪高五尺，材士強弩矛戟為翼。陷堅陣，敗強敵。提翼小櫓扶胥一百四十四乘。絞車連弩自副。陷堅陣，敗強敵。大黃參連弩大扶胥㊅三十六乘，材士強弩矛戟為翼。飛鳧電影自副㊆。飛鳧赤莖白羽；電影青莖赤羽。晝則以絳縞為光耀；夜則以白縞為流星。陷堅陣，敗步騎。大扶胥衝車三十六乘，螳螂武士㊇共載，可以擊縱橫、敗強敵。輕車矛戟扶胥一百六十乘，螳螂武士三人共載，陷堅陣，敗步騎。（以上為武王伐紂在牧野之戰決勝之主要武器。故列舉之。至於其他之軍用戰具，種類繁多。都移於後篇以備查考，此處從略。）……甲士萬人，強弩六千，戰櫓六千，矛戟二千。此舉兵之大數也。武王曰：允哉。

【今註】㊀舉兵：出師征伐也。㊁大數：軍事以一萬人為計算單位，稱為大數。㊂武衛大扶胥：

武衛有車頂與防楯，大扶胥為戰鬥用大戎車。㊃車四馬駢駕：《詩經》載、「牧野洋洋，檀車煌煌，駟騵彭彭」。駟騵彭彭，就是指四馬駢駕之意，在《詩經》書中有許多「四牡六轡」之記載，即是詠四馬駢駕戎車之威武。武衛大扶胥為將帥在戰場上之指揮車。㊄武翼大櫓矛戟大扶胥：為有車頂防楯與矛戟大戰鬥車。㊅大黃參連弩大扶胥：為有連弩設備之戰鬥車。㊆飛鳧電影自副：為備有白日與黑夜對外連絡之信號。㊇大扶胥衝車與螳螂武士：為衝鋒陷陣之戎車。

【今譯】 武王問太公：王者舉兵征伐，三軍的器用，攻守的戰具、品類和其數量，有否一定的法則？

太公說：大哉王的問。攻守用的武器與工具各有品科，此為武器最大威力的發揮。至於各種武器與工具之計算，通常以一萬人所用之數字為計算之基點。茲將甲士一萬人用於進攻之武器列之如下：

武衛大扶胥三十六乘，每車四馬駢駕，車輪高六尺，車上有頂蓋與防楯，立旂鼓，以七十二名材士分為前拒、左角、右角三組，組二十四人持強弩矛戟為衛，為將帥發令之指揮車。

武翼大櫓矛戟大扶胥七十二乘，車輪高五尺，材士強弩矛戟為衛，備有連弩，為陷堅陣戰鬥之車。

提翼小櫓扶胥一四四乘，材士強弩矛戟為衛，備有連弩，為陷堅陣戰鬥之車。

大黃參連弩大扶胥三十六乘，材士強弩矛戟為衛，以連弩之射擊為主，帶有飛鳧電影之通信工具，為獨立作戰或分遣之用。

大扶胥衝車三十六乘，螳螂武士共載，為衝鋒陷陣之戰鬥部隊。

輕車矛戟扶胥一百六十乘，螳螂武士三人共載，為分遣襲擊之戰鬥部隊。

以上大扶胥戎車三百二十四乘，可編為三十六個衝擊大隊，稱為大卒，用以陷堅陣、敗強敵。至輕車扶胥專為襲擊之用。（此為攻擊部隊，即太公在牧野之戰擊敗商紂之部隊也。）

三陣第三十二（論列陣，即既軍隊之戰鬥部署）

一、考慮天象上日月晦明風向順逆及寒暑季節以列陣謂之天陣。
二、考慮地形上山陵險易川流深淺以定左右依託謂之地陣。
三、考慮用車用騎用文用武以定進攻退守謂之人陣。

武王問太公曰：凡用兵為天陣㈠、地陣㈡、人陣㈢，奈何？

太公曰：日月星辰斗柄，一左一右，一向一背，此謂天陳。丘陵水泉，亦有前後左右之利，此謂地陣。用車用馬，用文用武，此謂人陣。武王曰：善哉！

【今註】㈠天陣：依天象為陣之意。㈡地陣：依地形為陣之意。㈢人陣：依人事為陣之意。

【今譯】 武王問太公：凡用兵列陣，有所謂天陣、地陣、人陣，其意義如何？

太公對說：依天象上日月之晦明、星辰之顯隱、風向之順逆，以測知晴雨；斗柄之旋迴，以測知方向；乃至霜雪雷電、寒暑季節等，以定列陣之左右向背，是謂依天象而列陣。依地形上山陵之險易、水泉之深淺，以定列陣之前後左右向背與依託之利，是謂依地利而列陣。依敵人人事之部署上，以定我用車用馬、用文用武以及兵力之使用等，是謂依人事而列陣。

武王說：善哉公言！

「解」：綜合太公所述部署軍隊應考慮天象地形及人事，在現代傳統性戰爭中仍有其價值。

疾戰第三十三（論突圍戰與突圍後取勝之戰術）

一、突圍先以車騎擾亂敵軍，使其不知我突圍方向。

二、突圍以車騎部署於四面主力居中猛攻衝出圍線。

三、出圍後以口袋戰法誘敵追擊而擊破之。

武王問太公曰：敵人圍我，斷我前後，絕我糧道，為之奈何？

太公曰：此天下之困兵㈠也。暴㈡用之則勝，徐用之則敗。如此者，為四武衝陣㈢，以武車驍騎㈣驚亂其軍而疾擊之，可以橫行㈤。武王曰：若已出圍地，欲因以為勝，為之奈何？太公曰：左軍疾左，右軍疾右，無與敵人爭道。中軍迭前迭後，敵人雖眾，其將可走㈥。

【今註】㈠困兵：受困之兵也。㈡暴：暴烈勇猛之意。㈢四武衝陣：乃是四面都用戎車部隊作側衛以保衛核心之陣法。㈣驍騎：驍勇的騎兵。㈤橫行：橫衝直撞之意。㈥走：逃走之意。

【今譯】武王問太公：敵人四面包圍我的軍隊，切斷我前後左右的連絡，斷絕我的糧道，將為之奈何？

太公對說：此乃為天下的困兵。若能鼓其勇氣急速而衝之，則可突出重圍。若行動遲緩，則士氣沮喪，必致失敗。突圍之法，可將部隊組成以戎車部隊為四面側衛，而以主力居中的突圍部署。先以勇敢的戎車和騎兵驚亂敵軍，使其不知我要突圍的方向，然後以我的主力軍急速猛攻敵軍，則可以成功。

武王又問：若我軍已衝出敵人的包圍圈，想要因此而擊敗敵人，其方法如何？太公對說：此時令我左軍疾擊而左，右軍疾擊而右，以開拓中軍衝出的道路。此時須注意不可與敵人爭道路，以免分散兵力。此時我中軍可更迭前後而前進，即令中軍之前部，埋伏於道路的兩側，後部誘敵進入我埋伏之口袋陣地而逆擊之，則敵軍雖眾，其將可得而擒也。

「解」：綜合太公所述突圍戰，概有下列三項原則：

一、突圍先以車騎作擾亂攻擊，使敵不知我軍突圍之方向。

二、突圍須以車騎部署於四面，主力居中猛攻，以衝出敵之包圍圈。

三、出圍後以口袋戰法誘使敵軍追擊而擊破之。

以上三項原則，在現代傳統性戰爭中仍有其價值。

必出第三十四（論突圍戰之二）

一、大部隊之撤退如遇河川阻路則須設橋頭陣地。

二、大部隊之撤退須設收容部隊與集合地。

三、軍隊在集合地集合後即休息整理恢復戰力。

武王問太公曰：引兵深入諸侯之地，敵人四合而圍我，斷我歸道，絕我糧食。敵人既眾，糧食甚多，險阻又固。我欲必出，為之奈何？

太公曰：必出之道，器械為寶，勇鬥為首。審知敵人空虛之地，無人之處，可以必出。將士持玄旂，操器械，設銜枚㊀，夜出。勇力飛走，冒將㊁之士，居前，平壘為軍開道㊂。材士強弩為伏兵，居後。弱卒車騎居中。陣畢徐行，慎無驚駭。以武衝扶胥，前後拒守。武翼大櫓，以蔽左右。敵人若驚，勇力冒將之士疾擊而前。弱卒車騎，以屬其後。材士強弩，隱伏而處。審候㊃敵人追我，伏兵疾擊其後。多其火鼓，若從地出，若從天下。三軍勇鬥，莫我能禦。

武王曰：前有大水、廣塹、深坑，我欲踰㊄渡，無舟楫㊅之備。敵人屯壘，限我軍前，塞我歸道；斥候常戒；險塞盡守；車騎要我前，勇士擊我後，為之奈何？

太公曰：大水、廣塹、深坑，敵人所不守；或能守之，其卒必寡。若此者，以飛江㊆轉關㊇與天潢㊈以濟吾軍。勇力材士，從我所指，衝敵絕陣，皆致其死。先燔㊉吾輜重，燒吾糧食，明告吏士，勇鬥則生，不勇則死。已出，令我踵軍㊁，設雲火㊂遠候，必依草木、丘墓、險阻。敵人車騎，必不敢遠追長驅。因以火為記，先出者，令至火而止，為四武衝陣。如此，則三軍皆精銳勇鬥，莫我能止。武王曰：善哉！

【今註】 ㊀銜枚：古時軍隊在夜行軍時，要士兵不發聲音，使士兵口含一個小木球，謂之銜枚。㊁冒將：冒險犯難之將，即敢死隊員。㊂開道：開道路也。㊃候：偵伺搜索之意。㊄踰：越過也。㊅舟楫：船也。㊆飛江：工兵渡河時使用之門舟。㊇轉關：即轆轤。㊈天潢：大門舟也。㊉燔：燒也。㊁踵軍：古時行軍區分，最先行者稱為興軍，即今之前衛或先遣支隊；踵軍為前衛本隊或先遣支隊的主力。㊂雲火：火光高升入雲之火。

【今譯】 武王問太公：若引兵深入諸侯之地，敵人四面合而圍我，斷我的歸路，絕我的糧食。敵人之兵既眾，糧食又多，而且占領了險阻的地形與堅固的守備。我欲突圍而出，將為之奈何？

太公對說：要突圍而出，以用器械為主，勇鬥為先。此時先偵察敵人空虛之地，無人之處，作為我突圍之路。一面令將士持黑色之旂，操器械，口銜枚，選夜間而行動。使有勇力能疾走的勇猛將士居前，平治營壘以開闢道路；材士與強弩手為伏兵，居後。弱卒與車騎居中。部署完畢後徐徐而行，切勿自相驚擾。另以武衝戎車，置於前後，矛戟戎車，置於左右，以防敵人之襲擊。敵人若來襲擊，我勇力敢死之士疾攻而前，中軍與車騎支持其後。材士與強弩手隱伏暗處，偵知敵人追擊前來，則突起襲擊其後。多設燈火與戰鼓，以亂其耳目，使敵人覺得我軍有如從地而出，從天而降，三軍奮勇而前，則敵人無法抗禦我之反擊矣。

武王又問：若我軍之退路上，前有大水廣塹深坑，我欲渡越而過，但無舟楫之備。敵人屯壘，阻止我軍之前進，斷絕我軍之歸路；偵探出沒於前後；險塞之處，都有守備；車兵騎兵邀擊我前，勇士悍卒襲擊我後，如此將如何處理？

太公對說：大水廣塹深坑，多為敵人所不守。即有守兵，其數亦必甚少。因此我軍欲渡過河川，可用繫綱的大小門舟漕渡渡過之。此時勇力材士，必須以猛烈之攻擊驅逐敵人，以建立彼岸之橋頭陣地。至主力軍之渡河，先燒去笨重之物以及不必要之輜重糧食等，明告將士，須作必死之戰鬥，勇鬥則生，不勇鬥則死。軍之先頭既已衝出，則令先遣部隊之主力占領收容陣地，以收容我軍之撤退。一面選擇適當之地為我軍集合之處，必依草木丘墓險阻以作蔭蔽，並舉雲火以為集合地之目標，遠斥堠以事警戒。如此，則敵人之車騎，必不敢遠追而長驅。退出之兵，向所舉之雲火前進，到達集合地後，即部署成為四武衝陣，以作戰鬥之準備。如此，則我三軍之戰力恢復，敵人無法能阻撓我之行動也。

武王說：善哉公言！

「解」：本章與前章大意相同，為突圍戰之第二篇。前章為小規模之突圍戰，係為小部隊突圍之標準。至本章則為大部隊之突圍，故須設置收容陣地，集合地點以及警戒各項等。兩者可以互相參看。但大部隊之撤退，必須遵照本章所示各項而行。否則，必致陷部隊於混淆而導致潰敗。

綜合太公所述大部隊之突圍與撤退，計有下列三項原則：

一、大部隊之撤退，如遇河川阻路，則須照河川戰法先遣橋頭部隊渡河，以掩護主力之渡河。

二、大部隊之撤退，須設收容部隊與收容陣地。關於部隊之集合，則須一處或數處之集合地點。

三、軍隊在集合地集合後，即使休息整理以恢復戰力。

以上三項原則，在現代傳統性戰爭中仍有其價值。

軍略第三十五（論對各種地形作戰須具備之各種工程用具）

一、攻城須具備攻城工程用具。

二、渡越溝塹須具備渡塹工具。
三、渡越河川須具備渡河工具。

武王問太公曰：引兵深入諸侯之地，遇深谿大谷險阻之水。吾三軍未得畢濟，而天暴雨，流水大至。後不得屬於前，無舟梁㊀之備，又無水草㊁之資。吾欲畢濟，使三軍不稽留㊂，為之奈何？

太公曰：凡帥師將眾，慮不先設，器械不備；教不精信，士卒不習。若此，不可以為王者之兵也。凡三軍有大事，莫不習用器械。若攻城圍邑，則有轒轀㊃臨衝㊄；視城中，則有雲梯㊅飛樓㊆。三軍行止，則有武衝㊇大櫓。前後拒守，絕道遮街，則有材士強弩，衛其兩旁。設營壘，則有天羅㊈武落㊉，行馬⑪蒺藜。晝則登雲梯遠望，立五色旌旂。夜則火雲萬炬，擊雷鼓，振鼙鐸，吹鳴笳。越溝塹，則有飛橋、轉關、轆轤、鉏鋙⑫。濟大水，則有天潢、飛江⑬。逆波上流，則有浮海⑭、絕江⑮。三軍用備，主將何憂。

【今註】㊀梁：橋梁也。㊁水草：堵水用之稻草。㊂稽留，遲延也。㊃轒轀：音ㄈㄣˊㄨㄣ，攻城用之四輪車，上張生牛皮排木，下可容士兵十數人，以擋矢石接近城牆。㊄臨衝：臨車為從上視下之車；衝車為衝城門之車。㊅雲梯：為長梯。㊆飛樓：為車上所築之高臺，用以俯視城中或靠城牆而登城。㊇武衝：即武衝戎車。㊈天羅：天網也。㊉武落：即虎落，繩索與木樁也。⑪行馬：即拒馬。⑫鉏鋙：音ㄔㄨˊㄨˊ，接合之器也。⑬天潢、飛江：即大小門舟。⑭浮海：木筏也。⑮絕江：係用巨索張於江上也。

【今譯】武王問太公：若引兵深入諸侯之地，遇到了深谿大谷險阻的河流。我三軍正在渡過此河，而天忽暴雨，潦水大至，後方未渡的不能與已渡河的會合。此時我方無舟楫橋梁之備，又無堵水之乾草，我想使三軍全部渡過，不致遲延，其法將如何？

太公對說：凡統率師旅，帶領兵眾的將帥，如謀慮不先設計，器械不先準備，教育不精確，士卒不熟練，則不可成為王者之師。凡三軍有大事，必須於事前訓練士兵習用各種器械。若攻人之城，圍人之邑，則用轒轀車以接近城牆，用臨車以監臨各種行動，用衝車以衝城門。窺視城中，則用雲梯與飛樓，可以由平地升高而望。三軍行動或停止，則用武衝戎車與矛戟戎車，作前後拒守之用。絕道遮街，則用材士強弩護衛其兩旁。張設營壘，則用天羅武落以及拒馬蒺蔾等。白晝則登雲梯遠望，豎立五色旌旂；夜間則設火雲萬炬，擊雷鼓，振鼙鐸，吹鳴笳，以亂敵人的耳目。渡越溝壍，則用飛橋、轉關、轆轤、鉏鋙等各種器具；濟渡大水，則用門舟漕舟。逆流而上，則用木筏以及絕江長索等。三軍器用全備，則為主將的可以不必憂慮地形的複雜和戰況的繁重了。

臨境第三十六（論對陣作戰之一——疲敵作戰）

一、對陣間之攻擊以出敵不意為首要。
二、出敵不意之方法在積長時間的陽攻以疲勞之。
三、在其疲勞中突然舉行攻擊則可成功。

武王問太公曰：吾與敵人臨境相拒，彼可以來，我可以往，陣皆堅固，莫敢先舉。我欲往而襲之，彼亦可以來。為之奈何？

太公曰：分兵三處。令我前軍，深溝增壘而無出，列旌旂，擊鼙鼓，完為守備。令我後軍，多積糧食，無使敵人知我意。發我銳士，潛襲其中㈠，擊其不意，攻其無備。敵人不知我情，則止不來矣。

武王曰：敵人知我之情，通我之機，動則得我事。其銳士伏於深草，要我隘路，擊我便處，為之奈何？

太公曰：令我前軍，日出挑戰，以勞其意。令我老弱，曳柴揚塵㈡，鼓呼而往來，或出其左，或出其右，去敵無過百步，其將必勞，其卒必駭。如此，則敵人不敢來。吾往者不止，或襲其內，或擊其外，三軍疾戰，敵人必敗。

【今註】㈠其中：其中的一部之意。㈡曳柴揚塵：拖曳著柴把奔馳，使塵土飛揚之意。

【今譯】武王問太公：我與敵人臨國境相拒守，彼軍可以來攻，我軍亦可以往攻。兩軍之陣地皆堅固，都不敢先有舉動。我欲往而襲攻之，但彼亦可來襲我。此時將如何？

太公說：處此種情況，可分兵為前軍中軍後軍三部分。令前軍占領陣地，深溝高壘，列旌旗，擊鼙鼓，完成防禦之守備而不出擊。令我後軍多積糧食，無使敵人知我作戰的意圖。然後令我中軍精銳部隊，潛襲敵人，擊敵人之不意，攻敵人之無備。敵人此時，既不知我之情況，自然不敢向我進攻也。

武王又問：若敵人已經知道我軍的情況，也清楚我軍的計謀，我如有行動，他還能得到我方的軍情；一面令其精銳部隊或埋伏於深草樹林隱密之地，或邀擊我軍於隘路之中，或乘我於不利之處而攻擊我。則將為之奈何？

太公對說：處於此種情況，可令我前軍每日向敵人挑戰，以使其疲勞。令我老弱士卒，拖曳著柴把來往奔馳，以使塵土飛揚，一面擊鼓喧噪，往來行動以張其勢，或向敵之左、或向敵之右前進，但不要進至距離敵人前線一百步之內，以作陽動。如此反覆行之，其將帥必因此而疲勞，其士兵必因此而驚駭。此時我若以三軍之全力，急行進攻，則敵人突然遭我不意之攻擊，必致失敗無疑。

「解」：綜合太公所述關於對陣作戰，概有以下之三項原則：

一、在對陣間之攻擊，以出敵不意為首要。

二、出敵不意之方法，在積長時間的陽攻以疲勞之。

三、在其疲勞中突然舉行攻擊，則可成功。

以上三項原則，在現代傳統性戰爭中仍有其價值。

動靜第三十七（論對陣作戰之二——埋伏作戰）

對陣作戰之運動戰，以後退誘敵預設口袋陣地，以攻擊之為最好之方法

武王問太公曰：引兵深入諸侯之地，與敵人之軍相當。兩陣相望，眾寡強弱相等，不敢先舉。吾欲令敵人將帥恐懼，士卒心傷，行陣不固，後軍欲走，前陣數顧。鼓噪而乘之，敵人遂走。為之奈何？

太公曰：如此者，發我兵，去寇十里而伏其兩旁，車騎百里而越其前後。多其旌旂，益其金鼓。戰合，鼓噪而俱起。敵將必恐，其軍驚駭。眾寡不相救，貴賤㈠不相待，敵人必敗。

武王曰：敵之地勢，不可伏其兩旁，車騎又無以越其前後。敵知我慮，先施其備。吾士卒心傷，將帥恐懼，戰則不勝，為之奈何？

太公曰：誠哉王之問也。如此者，先戰五日，發我遠候，往視其

動靜，審候其來，設伏而待之。必於死地㈡，與敵相遇㈢。遠我旌旂，疏我行陣㈣。必奔其前，與敵相當。戰合而走，擊金而止。三里而還，伏兵乃起。或陷㈤其兩旁，或擊其先後，三軍疾戰，敵人必走。武王曰：善哉！

【今註】㈠貴賤：指軍中階級高低之意；高者為貴，低者為賤。㈡死地：指必死之地也，如背水而陣，進入口袋之地形，以及後背高山，前臨絕谷等。㈢遇字：舊本作避字，訛。㈣疏我行陣：疏散我之行陣，使敵覺得我兵力龐大之意。㈤陷：攻入之意。

【今譯】武王問太公：若引兵深入諸侯之地，與敵人之軍相當。彼此兩陣相對，兩方兵力眾寡強弱之勢相等。皆不敢先有行動。我欲使敵人之將帥心理恐懼，士卒心理悲傷，行陣不堅固，後陣發生動搖，前陣常有後顧之心，此時我軍乘機鼓噪而攻之，敵人必致敗北而起。其方法如何？

太公說：處此種情況，我軍先派出一部之兵，祕密進至離敵人十里之地，埋伏其兩旁；車騎則於離敵百里之地，繞越其前後，多張旌旂，增多金鼓。敵人出而應戰，伏兵鼓噪而起，敵將因我軍向其四面進攻，必致心懷恐懼，其軍必致驚惶錯亂，以致眾寡不能互相救援，上下不能互相等待，以至於敗北。

武王又問：假如敵方所佔之地勢，不能埋伏其兩旁，車騎又無法繞越其前後。敵人已知道我軍的計謀而先施戒備。我軍士氣沮喪，將帥心理恐懼，與之戰，恐將不能取勝，將如之何？

太公對說：誠哉！王之所問。我軍處於此種情況，可於交戰前五日，先派遣遠方偵探，觀察敵人之動靜，審知其向我前進之時間與道路。我則選於險阻死絕之地預設埋伏以待其來。此時我軍，務將旌旂疏開，並將行軍間之距離加長，藉以顯示我兵力之龐大，並便於前後進退之活動，向敵前進，以期於我埋伏之地之遠前方與敵相遇。與敵既接戰，我則佯敗而退，鳴金不已，直至退至埋伏之地之後方約三里之遠，乃轉而還擊。此時伏兵乃起，或攻敵之兩旁，或襲擊其前後，三軍併力疾戰，敵人必致大敗。武王說：善哉公言！

「解」：此種後退埋伏戰法，歷史上戰例甚多。其最為著名的，則為戰國時代齊將孫臏與魏太子申在馬陵道之戰（西元前三四一年）。其時魏太子申伐韓，韓求救於齊。齊威王乃令田忌為將，將兵救韓，以孫臏為軍師。孫臏命齊軍直趨魏都大梁（今河南省開封市），魏惠王乃令魏申回軍，並增加兵力以伐齊。齊軍既聞魏軍東來，乃自動向齊境撤退。齊軍於營地初設十萬竈，次日減至五萬竈，又次日減為二萬竈，以惑魏申。魏申追逐齊軍，行三日，覺得齊軍已逃亡過半，乃率輕騎直追。孫臏計其行程，日暮當至馬陵道（在今山東省濮縣東南舊鄄城之東北約六十里之地），乃於道之兩側設伏兵。日暮，魏申兵果至。齊伏兵齊發，魏軍大敗，太子申被擒。此外如第一次世界大戰德軍在坦能堡戰勝俄軍之戰，在中日戰爭中之臺兒莊戰鬥與長沙三次會戰我軍戰勝日軍，都是採用此一戰法。

金鼓第三十八（論警戒與防禦線之反攻）

一、軍隊停止間設置完密之警戒最為重要。
二、敵人之進攻不逞撤兵後退時為我反攻之良機。
三、我軍追擊後退之敵軍應預防其埋伏而作外翼之包抄。

武王問太公曰：引兵深入諸侯之地，與敵相當。而天大寒甚暑，日夜霖雨㊀，旬日不止。溝壘悉壞，隘塞不守，斥堠懈怠，士卒不戒。敵人夜來，三軍無備，上下惑亂，為之奈何？

太公曰：凡三軍以戒為固，以怠為敗。令我壘上，誰何㊁不絕；人執旌旂，外內相望，以號相命㊂，勿令乏音，而皆外向㊃。三千人為一屯㊄，誡而約之，各慎其處㊅。敵人若來，視我軍之警戒，至而必還，力盡氣怠。發我銳士，隨而擊之。

武王曰：敵人知我隨之，而伏其銳士，佯北㈦不止。遇伏而還，或擊我前，或擊我後，或薄㈧我壘。吾三軍大恐，擾亂失次，離其處所。為之奈何？

太公曰：分為三隊，隨而追之，勿越其伏。三隊俱至，或擊其前後，或陷其兩旁。明號審令，疾擊而前，敵人必敗。

【今註】㈠霖雨：久雨不止也。㈡誰何：戰地之警戒區域內，每人都用暗號口令以相識別。遠處見有生人接近，必先問「何人？」而答者則用暗號口令相答。此即為誰何之意。㈢以號相命：即以旌旂與暗號口令互相連絡之意。㈣外向：警戒之哨兵與偵探，無論何時，均須面向敵方。㈤一屯：即為一個駐軍陣地。㈥各慎其處：各陣地區皆須設置外衛兵與內衛兵以司警戒。㈦佯北：偽裝退卻以誘敵之意。㈧薄：軍隊進攻之意。

【今譯】武王問太公：若引兵深入諸侯之地，與相當之敵人相對壘。而遇天候或大寒、或甚暑，又遇霖雨兼旬不止，以致溝壘崩壞，隘塞失守，偵探哨兵，怠忽不戒，士卒鬆懈。敵人深夜來襲，三軍事前無有準備，以致上下惑亂。此種情況，將如之何？

太公對說：凡三軍以警戒嚴密為守固之基礎，以警戒怠忽為失敗之根源。在陣地之前方，必須設置哨戒之哨兵，以查問接近陣地之人。人執通信號之旌旂與燈光，外與內相望，以旂號燈號相連絡。所有偵探與哨兵，永遠面向敵方以司監視。駐軍以三千人為一陣地區，各區均設置外衛兵與內衛兵以自警戒，並作敵人來襲之準備。如此，敵人若來，見我軍戒備嚴密，無隙可乘，則必退回。此時我軍宜乘其退兵混亂之際，發我精銳部隊，隨其後而擊之，可以獲勝。

武王又問：若敵人知道我軍將隨其後而出擊。彼預先埋伏勇敢部隊於路旁之兩側，一面令正面進攻之部隊佯作敗退以引誘我軍之出擊。迨我出擊部隊進入其埋伏地區，彼即轉而攻我，其時埋伏部隊左右並起，或攻我軍之前，或攻我軍之後，或直攻我軍之陣地。此時我三軍，因事前無有準備，以致擾亂失次，離其所守之地，如此將如之何？

太公對說：在此種情況，我軍之出擊，宜分為三個部隊，分道隨其後而追擊，在未達到其埋伏之地區，三隊即行聯合進攻，或攻其前後，或擊其兩旁，明號審令，疾擊而前，敵人必敗。

「解」：綜合太公所論警戒與防禦線上之戰鬥，概有下列三項原則：

一、軍隊在停止間，應設置完密之警戒以防敵人之奇襲。

二、敵人之進攻停頓或向後退時，為我反攻之良機。

三、我軍追擊後退之敵軍，應預防其埋伏而作外翼之包抄。

以上三項原則，在現代傳統性戰爭中仍有其價值。

絕道第三十九（論深入敵國之戰鬥）

一、務選有利地形以為攻防之戰場。
二、確保後方連絡線。
三、廣事搜索以明瞭敵情。
四、分為數縱隊作廣正面之前進以成犄角之勢。

武王問太公曰：引兵深入諸侯之地，與敵相守。敵人絕我糧道，又越我前後。吾欲戰則不可勝，欲守則不可久。為之奈何？

太公曰：凡深入敵人之境，必察地之形勢，務求便利。依山林險阻，水泉林木，而為之固；謹守關梁㈠，又知城邑丘墓地形之利。如是，則我軍堅固，敵人不能絕我糧道，又不能越我前後。

武王曰：吾三軍過大林廣澤平易之地，吾候望㈡誤失，倉卒與敵人相薄。以戰則不勝，以守則不固。敵人翼㊂我兩旁，越我前後，三軍大恐，為之奈何？

太公曰：凡帥師之法，常先發遠候，去敵二百里，審知敵人所在。地勢不利，則以武衝為壘而前，又置兩踵軍㊃於後，遠者百里，近者五十里。即有警急，前後相知，吾三軍常完堅，必無毀傷。武王曰：善哉！

【今註】㊀關梁：山之隘口派兵駐守，謂之守關；河川之橋梁派兵駐守，謂之守梁。㊁候望：候，為斥堠，即偵探；望，為瞭望哨兵。㊂翼：包圍我側翼之意。㊃踵軍：後續之軍，此處可作後衛解。

【今譯】武王問太公：若引兵深入諸侯之地，與敵人對陣相守。敵人斷我糧道，又踰越我軍之前後。我欲與之戰，則不能取勝，欲守又不能持久。將為之奈何？

太公對說：凡引兵深入敵國之境，必須先審察地理之形勢。務求於地形有利之處，依託山林險阻、水泉林木以為守禦之固；一面謹守後路之關隘橋梁，以保持後方連絡線、及糧食與補給品之運輸。又須熟知附近之城邑、丘墓等地形之利，以便派兵據守，以阻遏敵人迂迴至我後方之路。如此，則我軍前後安全，敵人不能斷我後方連絡線，與迂廻我之後方矣。

武王又問：我三軍通過大森林、或廣澤平易之地，由於我方偵探與瞭望哨兵之失誤，未能及早發見敵人，倉猝之間與敵人相遇。欲與之戰，則不能取勝；欲守則不能堅固。敵人包圍我之兩側，迂廻我之前後。我三軍大為恐懼。為之奈何？

太公對說：凡統率軍隊之法，常須派遣遠方偵探，深入敵境二百餘里，搜索敵人主力所在之處。若地形開曠，不利我軍之行動，則以武衛大戎車為前鋒，列陣而前。又設置兩個有力的後衛或分遣縱隊於後，遠者相去一百里，近者五十里。如有緊急之事，前後皆得連絡通知。如此，則三軍常能完整而堅固，可以無慮敵之攻擊也。武王說：善哉公言！

「解」：綜合太公所論深入敵國之戰鬥，概有下列四項原則：

一、務選擇有利地形以為攻防之戰場。

二、確保後方連絡線最為重要。

三、廣事搜索以明瞭敵情。

四、分數縱隊作廣正面之前進，以互相掩護。

以上四項原則，在現代傳統性戰爭中仍有其價值。

略地第四十（論攻略城邑之戰鬥）

一、攻圍城邑須分兵佔領要地斷其糧道。
二、圍城必缺其一面誘其逃遁。
三、攻入城內不可輕率入城防有埋伏。

武王問太公曰：戰勝深入，略其地，有大城不可下。其別軍㈠守險阻，與我相拒。我欲攻城圍邑，恐其別軍猝至而薄我。中外㈡相合，拒我表裏。三軍大亂，上下恐駭。為之奈何？

太公曰：凡攻城圍邑，車騎必遠，屯衛警戒，阻其內外。中人㈢絕糧，外不得輸，城人㈣恐怖，其將必降。

武王曰：中人絕糧，外不得輸，陰為約誓，相與密謀。夜出，窮寇死戰。其車騎銳士，或衝我內，或擊我外。士卒迷惑，三軍敗亂。為之奈何？

太公曰：如此者，當分為三軍，謹視地形而處。審知敵人別軍所在，及其大城㊄別堡㊅，為之置遺缺之道㊆以利其心；謹備勿失。敵人恐懼，不入山林，即歸大邑，走其別軍。車騎遠邀其前，勿令遺脫。中人以為先出者得其徑道，其練卒材士必出，其老弱獨在㊇。車騎深入長驅，敵人之軍，必莫敢至。慎勿與戰，絕其糧道，圍而守之，必久其日。

無燔㊈人積聚，無毀人宮室，冢樹㊉社叢⑪勿伐。降者勿殺，得⑫而勿戮，示之以仁義，施之以厚德。令其士民曰：辜⑬在一人。如此則天下和服。武王曰：善哉！

【今註】 ㊀別軍：另一支軍隊之意。㊁中外：指城中守軍與城外援軍之意。㊂中人：指城中的軍隊。㊃城人：指圍城內之軍民。㊄大城：此大城指圍城外附近之大城。㊅別堡：圍城外附近之別堡。㈦置遺缺之道：乃留置不封閉之道路；即孫子所說城必缺，就是留一缺口，使敵人可由此缺口而逃遁之意。㈧老弱獨在：老弱留在城中之意。㈨燔：音ㄈㄢˊ，燒也。㈩冢樹：墳墓上的樹木。㈡社叢：社神廟旁的樹林。㈢得：所獲的俘虜也。㈢辜：音ㄍㄨ，罪也。辜在一人，是說所有罪惡在敵國君主一人，人民是無罪的。

【今譯】　武王問太公：我軍戰勝敵軍後，深入敵國境內略地。有大城不可下，其另一部隊固守險阻，與我軍相持。我軍欲攻大城，恐此部隊猝然攻我，如此裏應外合，我軍將表裏受敵攻擊，軍心必致大亂，上下驚恐。如此，將如何處置？

太公對說：凡攻城圍邑，必將車騎隊屯駐於較遠之地，扼守要道，以事警戒，阻絕敵人內外之交通。城中缺乏糧食，不使由外輸入。如此，則城內軍民內心恐懼，其將必來降矣。

武王又問：城中人絕糧，外邊無法輸入。敵人乃陰為約期誓盟，密謀向外突圍。遇夜衝出，與我死戰。其車騎銳士，或攻我軍內方，或擊我軍外方。我軍猝遇內外夾擊，迷惑失次，或將散亂而走，將為之奈何？

太公對說：處此種情況，當令我軍分為三部分，視地形之便利而屯駐。一面搜偵敵人在圍城以外的別軍之所在及其狀況；一面又須偵察圍城附近之其他大城與別堡情形。至於對於大城之圍攻，祇圍其三面，留置一面不予封閉，以誘其向外逃遁，而我則嚴加監視。被圍之敵人，急於衝出，此衝出之人，不入於附近之山林，則逃向附近的大城或別軍。我軍於其衝出逃遁之際，令車騎兵邀擊之，勿令有所遺脫。至於城中所遺留之敵人，他們必以為先衝出之部隊突圍成功，其精壯士兵必繼續衝出。此時我軍仍以如前之方法加以邀擊，使無遺脫。

至於留在城內之殘餘敵人，多為老弱殘兵，此時我軍車騎，可以長驅直入。敵人衝出之軍，當不至回頭與我再戰，但須慎防其於城內設置埋伏，因之不可深入城內，祇是斷絕其糧道，嚴密加以包圍，久其時日，殘敵必然投降。

進入城邑之軍，不可燔燒敵人所積聚的財物，不可毀壞敵人之宮室，不可砍伐墳墓上之塚樹，與社廟傍近之叢林。對於投降與俘獲之敵人士卒，一律不加殺戮，並示之以仁義，施之以厚德。並下令告知軍民人等：我軍之作戰在弔民伐罪，祇在誅伐元兇首惡一人，其餘脅從之人，一律不加究治。如此則天下人心和服於我，必無再抗我軍矣。武王說：善哉公言！

「解」：綜合太公所論攻略城邑之戰，概有下列三項原則：

一、攻圍城邑，須分兵佔領要地，斷其糧道。

二、圍城必開放其一面，以誘其遁逃。

三、攻入城內，不可輕率入城以防埋伏。

以上三項原則，在現代傳統性戰爭中仍有其價值。

火戰第四十一（論火戰）

一、古代以火燒黑地來對付火攻現在已不適用。
二、祇有多開火道將部隊廣為分散可減少損害。

武王問太公曰：引兵深入諸侯之地，遇深草蓊穢㈠，周吾軍前後左右。三軍行數百里，人馬疲倦休止。敵人因天燥疾風之利，燔吾上風，車騎銳士，堅伏吾後。三軍恐怖，散亂而走。為之奈何？

太公曰：若此者，則以雲梯飛樓，遠望左右，謹察前後。見火起，即燔吾前而廣延之；又燔吾後。敵人苟至，即引軍而卻㈡，按黑地㈢而堅處，敵人之來。猶在吾後，見火起，必遠走。吾按黑地而處，強弩材士，衛吾左右，又燔吾前後。若此，則敵人不能害我。

武王曰：敵人燔吾左右，又燔前後，烟覆吾軍，其大兵按黑地而起。為之奈何？

太公曰：若此者，為四武衝陣，強弩翼吾左右，其法無勝亦無負。

【今註】㈠蓊穢：茂盛貌。㈡卻：退卻也。㈢黑地：火燒過之地，一片黑色，故稱為黑地。

【今譯】武王問太公：若引兵深入諸侯之地，遇到茂盛的叢草，圍繞我軍的前後左右。我軍已行軍數百里，人馬皆已疲勞困乏，宿營休息。敵軍因天候乾燥，又乘疾風之利，在我軍上風縱火燃燒，一面並令其車騎銳士伏我軍之後。此時我三軍恐懼驚怖，將散亂而走。將為之奈何？

太公對說：處此種情況，我以雲梯飛樓升高，瞭望前後左右之地形。見火起，先於我軍駐地前後左右適當之處燒成一片廣場，成為黑地。敵人若來攻，我軍即進入此黑地中，列陣以待。強弩材士，翼衛左右。又在黑地地區以外縱火燃燒，則敵人無法接近我軍，自無法進攻也。

「解」：劉寅對火戰有如下的主張：「愚為深草蓊穢之地，必不得已而欲舍止，即先於營外斬除三二丈之廣，使之靜潔。若敵人四下焚我，我於斬除靜地之外，亦以火焚之。彼火焚而入，我火焚而出，兩火相遇自滅。若不斬除營草，當我先焚之時，恐風勢猛烈，反延入我營矣。」在古代戰史中，在叢草地區紮營，多是採取此種辦法。如漢武帝時代李陵與匈奴戰爭中，匈奴單於縱火攻李陵軍於大澤。李陵先於營壘外焚去附近之蘆葦，漢軍遂以獲全。三國時蜀主劉備，興兵伐吳，軍於猇亭，歲際隆冬，結茅而營，因未掃除營區之叢茅，遂被吳將陸遜火攻，全軍覆沒。至於現代，空軍發達，燒成黑地，反可作空中轟炸目標。但若不除叢草，則又為燒夷彈良好之延燒物。所以在現代行軍，以避開此叢草為妥。若無法避開，則宜多開火道，將軍隊廣為分散，亦為減少損害之一種方法。

武王又問：敵人由我軍前後左右向我火攻，烟覆我軍之上，其大軍向我黑地區進攻。將如之何？

太公對說：處此種情況，可令我軍為四武衝陣，以強弩材士翼衞我軍之左右作一般性正陣之戰鬥，則與正陣性戰鬥相同。

壘虛第四十二（論敵人撤退之徵候與追擊）

一、營壘上有飛鳥廻翔而無塵氛則為虛壘。

二、追擊部隊不可太大宜防埋伏。

三、主力部隊跟進掃除埋伏。

武王問太公曰：何以知敵壘之虛實，自來自去？

太公曰：將必上知天道，下知地利，中知人事。登高下望，以觀敵之變動。望其壘，則知其虛實。望其士卒，則知其來去。

武王曰：何以知之？太公曰：聽其鼓無音，鐸無聲；望其壘上多飛鳥而不驚。上無氛氣，必知敵詐而為偶人㈠也。敵人猝去不遠，未定而復返者，彼用其士卒太疾也。太疾則前後不相次。不相次，則行陣必亂。如此者，急出兵擊之。以少擊眾，則必敗矣。

【今註】㈠偶人：木偶人或稻草芻偶也。

【今譯】武王問太公：我們究竟用何種方法，得以知道敵人營壘的虛實，當其忽來忽去的時候？

太公對說：為將帥的人，必須上知天象之變化，下知地利之險易，中知人事之情態。登高下望，以觀察敵之變動；望其營壘，則可知其虛實；望其士卒，則可知其去來。

武王又問：何以知之？太公對說：聽其鼙鼓與鈴鐸，都沒有發聲；望其營壘上空，多有飛鳥上下而沒有驚恐的現象；營上又沒塵氛時起，可知營內沒有人馬活動而為一個空營，其守營之士兵乃是芻偶人也。

敵人若倉猝而去，去不遠忽而有復返的，是其行動太疾速，士兵有落伍而回營。由此可推斷其行動必錯亂，可為我軍進攻之良機，應即出兵追擊之，此時可以寡擊眾。但此時亦應注意敵預設埋伏，誘我進攻。所以追擊部隊不可太大，而以主力部隊跟隨後方前進，則其埋伏部隊，可為我後方部隊所掃除，不致妨害我之追擊了。

「解一」：綜合太公所論敵人撤退之徵候與追擊，計有下列三項原則：

一、營壘上空有飛鳥迴翔而無塵氛上升，則為虛壘。

二、派遣追擊部隊，兵力不可太大，宜防敵人埋伏。

三、主力部隊應即跟續前進，以支援追擊部隊兼以掃除敵人埋伏。

以上三項原則，在現代傳統性戰爭中仍有其價值。

第五篇　豹韜（軍事戰術學之一）

林戰第四十三（論森林戰）

一、森林內通視困難須行四面警戒。
二、森林內以近戰為主決戰迅速故須行猛烈攻擊。
三、森林內如範圍廣大可以逐次擊破敵人。

武王問太公曰：引兵深入諸侯之地，遇大林，與敵人分林相拒。吾欲以守則固，以戰則勝。為之奈何？

太公曰：使吾三軍，分為衝陣。便兵所處㈠，弓弩為表，戟楯為裏。斬除草木，極廣吾道，以便戰所㈡。高置旌旆，謹敕三軍，無使敵人知吾之情，是謂林戰。

林戰之法，率吾矛戟，相與為伍。林間木疏，以騎為輔，戰車居前，見便則戰，不見便則止。林多險阻，必置衝陣，以備前後。三軍疾戰，敵人雖眾，其將可走。更戰更息㊂，各按其部，是為林戰之紀㊃。

【今註】㊀便兵所處：便於部隊戰鬥之部署。㊁以便戰所：以便利戰鬥行動之所需。㊂更戰更息：更番戰鬥，更番休息之意。㊃紀：綱紀準則之意。

【今譯】武王問太公：若我軍深入諸侯之地，遇大森林，與敵人分據森林之一部分相對持。我欲以戰則勝，以守則固，將如之何？

太公對說：將我三軍部署為四武衝陣，依地形求適合我部隊之戰鬥部署。以弓弩手為外圍，戟楯手為裏層；一面斬除草木，廣闢道路，以利戰鬥行動之所需。一面高置旌旂，以資識別。謹敕三軍保密，無使敵人知我軍之行動。此為森林戰一般之要則。

森林一般之戰法，因森林茂密，不適於弓弩之遠射，故以近戰之矛戟隊為攻擊之主力，依森林茂密之程度，分為若干小隊，相互連繫，齊頭並進。若林間樹木疏稀，則以騎兵為輔，戰車居前。見有利則前進與之戰鬥；如不利則停止而不戰。森林內多有險阻之處，主力部隊，必須部署四武衝陣，以防備前後左右之敵襲。若與敵接戰，必須以迅速猛烈之行動向敵攻擊，則不論兵力多寡，可以取勝。因森林內通視困難，其決戰時間極為短促。惟有猛烈之行動，即可克敵制勝也。至森林內尚有其餘敵人，則可採取更番戰鬥、更番休息之方法，使用未接戰之部隊輪接攻擊。如此，可以將森林內之敵人掃除淨盡。此為森林戰一般之通則。

「解」：綜括太公所示森林戰之要則，概有如下之三項：

一、森林內通視困難，為防敵人不意之襲擊，故須行前後左右四面之警戒。

二、森林內之戰鬥，以近戰為主，而且決戰時間短促，故須行猛烈之攻擊，則縱使兵力寡少，亦可制勝。

三、森林內如範圍廣大，可以用逐次攻擊以掃蕩敵人。

以上三項原則，在現代之傳統性戰爭中，仍有其價值。

突戰第四十四（論對突襲之戰鬥）

一、誘使敵人攻城。

二、預派有力部隊於城外形成犄角之勢並設伏兵。

三、敵人攻城時則以城外部隊與伏兵攻其後路內外夾擊。

武王問太公曰：敵人深入長驅，侵掠我地，驅我牛馬；其三軍大至，薄我城下。吾士卒大恐；人民係累㈠，為敵所虜。吾欲以守則固，以戰則勝。為之奈何？

太公曰：如此者謂之突兵㈡，其牛馬必不得食，士卒絕糧，暴擊而前。令我遠邑別軍㈢，選其銳士，疾擊其後。審其期日，必會於晦㈣。三軍疾戰，敵人雖眾，其將可虜。

武王曰：敵人分為三四，或戰而侵掠我地，或止而收我牛馬。其大軍未盡至，而使寇薄我城下，致吾三軍恐懼，為之奈何？

太公曰：謹候敵人，未盡至則設備而待之。去城四里而為壘，金鼓旌旂，皆列而張。別隊為伏兵。令我壘上，多精強弩。百步一突門㊄，門有行馬。車騎居外，勇力銳士，隱而處。敵人若至，使我輕卒㊅合戰而佯走；令我城上立旌旂，擊鼙鼓，完為守備。敵人以我為守城，必薄我城下。發吾伏兵以充其內，或擊其外。三軍疾戰，或擊其前，或擊其後。勇者不得鬥，輕者不及走，名曰突戰㊆。敵人雖眾，其將必走。武王曰：善哉。

【今註】㊀係累：縶縛也，綑綁之意。《孟子・梁惠王篇》：係累其子弟。㊁突兵：突襲也。㊂遠邑別軍：駐在遠地之另一部隊。㊃晦：陰曆每月之三十日為晦日，此處作無月光之夜解。㊄突門：突擊部隊出擊之門。㊅輕卒：輕裝步兵。㊆突戰：突襲之戰鬥。

【今譯】武王問太公：敵人進攻我國，長驅深入，侵掠我土地，奪走我牛馬。其三軍大至，進逼我城邑之下，一面俘虜我人民，繫著繩索為其工作。因此我軍士卒，心理發生恐慌。我欲在此種情況下以戰則勝，以守則固。將如之何？

太公對說：敵人此種進攻，謂之突襲。其行動以迅速為主，因之其所帶之糧食不多。其所擄掠之牛馬，亦無法得到食料，時日持久，必至絕糧。我軍對此，宜取內外夾擊之法。今我駐在遠邑之別軍，選拔精銳部隊，襲攻其後路。決定會攻之日期，以取無月光晦暗之夜，我三軍即行出擊。如此內外夾擊，其將可得而虜也。

武王又問：假如敵人分為三四部分，以一部侵掠我土地，一部奪走我牛馬，其大軍尚在後續推進，但其一部已攻至我城下。我三軍內心恐懼，將為之奈何？

太公說：此時我軍，須多派偵探偵察敵軍之行動與其企圖。在敵人主力未到達以前，我軍先完成戰備以待之。其法：派遣一個有力的城外部隊，於離城約四里（二公里內外）之處設一陣地以為犄角。陣地上多設旌旂與金鼓，並多列強弩。陣地中每隔百步設一突擊之門，門外設拒馬以防守。車兵騎兵，分置陣地兩側以掩護側翼。另派勇力銳士為伏兵，埋伏於城外要道之兩側，以待敵至。敵人若至，先使我輕裝步兵與敵接戰，旋即佯敗而走。此時我城上守軍，豎旂擊鼓，作出擊之姿態。敵人以為我主力軍在守城，必進而攻至我城下。其時我埋伏之兵，起而攻其後路，我城外部隊，離其陣地出擊，與伏兵連繫，或攻其前，或擊其後。此時攻城之敵，已受我四面包圍，其勇者不及與我戰鬥，輕者無法走脫，必敗無疑。此名為突襲之戰鬥。武王說：善哉公言。

「解」：綜括太公所示對敵人突襲戰鬥之原則，計有下列三項：

一、誘使敵人攻城。

二、預派有力部隊於城外以形成犄角之勢，並設置伏兵。

三、敵人攻城時，則以城外部隊與伏兵攻其後路，則可收內外夾擊之效。

以上三項原則，在現代傳統性戰爭中仍有其價值。

敵強第四十五（論對夜襲之戰鬥）

一、夜間通視困難以近戰為主決戰時間短促。
二、夜間對敵人來襲必須攻擊不可防禦。
三、攻擊則宜多張火鼓攻擊計畫宜預先部署。
四、攻擊時宜滅火止鼓猛烈進攻。

武王問太公曰：引兵深入諸侯之地，與敵人衝軍㈠相當。敵眾我寡，敵強我弱。敵人夜來，或攻吾左，或攻吾右，三軍震動。吾欲以戰則勝，以守則固，為之奈何？

太公曰：如此者謂之震寇㈡。利以出戰㈢，不可以守。選吾材士強弩車騎為左右，疾擊其前，急攻其後；或擊其表，或擊其裏。其卒必亂，其將必駭。

武王曰：敵人遠遮㊃我前，急攻我後，斷我銳兵，絕我材士。吾內外不得相聞，三軍擾亂，皆敗而走。士卒無鬥志，將吏無守心，為之奈何？

太公曰：明哉王之問也。當明號審令，出我勇銳冒將之士，人操炬火㊄，二人同鼓㊅。必知敵人所在，或擊其表裏。微㊆號相知，令之滅火，鼓音皆止。中外相應，期約皆當。三軍疾戰，敵必敗亡。

武王曰：善哉！

【今註】㊀衝軍：攻擊之軍，若譯成現代軍語，可稱為野戰軍。㊁震寇：震驚之寇，可譯為強襲，此處可作夜間強襲解。㊂利以出戰：利於攻擊之意。㊃遠遮：遮斷之意。㊄炬火：火把也。㊅二人同鼓：二人同擊一鼓，使鼓聲急而高。㊆微號：密號也。

【今譯】武王問太公：我軍深入諸侯之地，與敵人之野戰軍相持。兵力上敵眾而我寡；戰力上敵強而我弱。敵人於夜間突來攻擊，或攻我軍之左，或攻我軍之右。我三軍內心震恐。我欲求以戰則勝，以守則固，將為之奈何？

太公對說：此種情況，可稱為夜間的強襲。夜間通視困難，我軍對此，祇有採取猛烈的攻擊可以取勝，不可以行防禦。此時我軍宜簡選材士強弩車騎為左右翼衛，疾攻其前，急擊其後，或攻其外，或擊其內，其時敵軍士卒必致自相擾亂，敵軍將帥必致震駭失措，此為制勝之道。

武王又問：假若敵人遠遮我軍之前方，急攻我軍之後方，阻斷我軍之材士銳兵，使不能互相救援；隔絕我軍之內外，使不能互相連絡。三軍因之內部擾亂，將致散敗而走。士卒無戰鬥之志，將吏無固守之心。此時將為之奈何？

太公對說：王之所問，甚為重要。我軍處於此種情況，當明審我之號令；出我勇銳之士，犯難之時，使人人皆操火炬，二人同擊一鼓，使鼓聲特隆。必詳知敵人之所在，部署部隊，或擊其外，或攻其內；部署既定，乃密令同時滅去火炬，停止擊鼓。此時我軍按照預定計畫向敵猛攻，內外互相接應，會合時間與暗號，均事前約定。如此進攻，敵人必敗無疑。武王說：善哉公言！

「解」：綜括太公所示對敵人夜襲之戰鬥，概有如下之四項原則：

一、夜間通視困難，戰鬥以近戰為主，決戰時間短促。

二、夜間如遇敵人來襲，不論兵力多寡，祇有採取猛烈的攻擊可以取勝，不可以行防禦。

三、攻擊之前，宜多張火鼓，使敵人疑我兵力強大。攻擊計畫宜預先部署妥當。

四、攻擊開始之時，宜滅火止鼓，猛行攻擊，則敵人將驚惶失措，必能敗亡。

以上四項原則，在現代傳統性戰爭中仍有其價值。

敵武第四十六（論與優勢敵人遭遇戰）

一、採用後退設伏之口袋戰法。
二、設伏以不使敵人覺察最為重要。

武王問太公曰：引兵深入諸侯之地，猝遇敵人，甚眾且武。武車㈠驍騎㈡，繞我左右。吾三軍皆震，走不可止。為之奈何？

太公曰：如此者謂之敗兵㈢。善者㈣以勝，不善者㈤以亡。

武王曰：為之奈何？太公曰：伏我材士強弩，武車驍騎，為之左右，常去前後三里。敵人逐我，發我車騎，衝其左右。如此，則敵人擾亂，吾走者㈥自止。

武王曰：敵人與我車騎相當，敵眾我寡，敵強我弱。其來整治精銳，吾陣不敢當。為之奈何？

太公曰：選我材士強弩，伏於左右，車騎堅陣而處。敵人過我伏兵，積弩㊆射其左右；車騎鋭兵，疾擊其軍，或擊其前，或擊其後。敵人雖眾，其將必走。武王曰：善哉！

【今註】㊀武車：即戎車也。㊁驍騎：驍勇之騎兵。㊂敗兵：潰敗之兵也。㊃善者：善於用兵之人。㊄不善者：不善於用兵之人。㊅走者：退走之兵。㊆積弩：前後重疊而射之箭。

【今譯】武王問太公：我軍深入諸侯之地，若猝然與敵人遭遇，其兵力較我軍為強，其戎車驍騎，直向我軍之左右兩側而來。我三軍內心震恐，有向後方散走之勢。將為之奈何？

太公說：此種情況，可稱為敗北之兵。善用兵者，可因之而制勝；不善用兵者，將因之而敗亡。

武王又問：然則將如何處置呢？太公說：命我軍之材士強弩、戎車驍騎，埋伏於道路兩側適當之地，離我軍主力約三里之遠。敵人若追擊前來，發我埋伏之車騎，攻擊其兩側與後方，則敵人自必擾亂。我軍之散走者當可因此而停止也。

武王再問：如若敵人與我軍之車騎相持，兵力上，敵眾我寡，敵強我弱。敵人之來攻，都是用其精鋭部隊，我三軍之陣無法阻擋。將為之奈何？

太公對說：此時簡選我材士強弩，使其埋伏於左右；我車騎部隊則堅陣以待。若敵人來攻，越過我伏兵之處。我伏兵使用密集之強弩，射其左右。我車騎銳兵疾擊其軍，或攻其前，或攻其後。敵人雖眾，勢將必敗矣。武王說：善哉公言！

「解一」：綜括太公所示對與優勢敵人行遭遇戰時，計有下列二項原則：

一、對優勢敵人行遭遇戰，以行後退設伏之口袋戰法，為制勝之要訣。孫臏馬陵道之戰即採用此法。

二、設伏以不使敵人覺察最為重要。

以上二項原則，在現代傳統性戰爭中仍有其價值。

烏雲山兵第四十七（論山地戰）

一、山地廣大行動困難對於通道細徑必須警戒。

二、山地分區控制攻擊部隊以攻擊侵入之敵人。

三、山地戰不論兵力大小以猛烈攻擊為主。

四、以戎車與騎兵為機動部隊策應各方。

武王問太公曰：引兵深入諸侯之地，遇高山盤石㊀，其上亭亭㊁，無有草木，四面受敵。吾三軍恐懼，士卒迷惑。吾欲以守則固，以戰則勝。為之奈何？

太公曰：凡三軍處山之高，則為敵所棲㊂，處山之下，則為敵所囚㊃。既以被山而處㊄，必為烏雲之陣㊅。烏雲之陣，陰陽㊆皆備㊇。或屯其陰，或屯其陽。處山之陽，備山之陰。處山之陰，備山之陽。處山之左，備山之右。處山之右，備山之左。敵所能陵㊈者，兵備其表。衢道通谷，絕㊉以武車。高置旌旗；謹勑三軍，無使敵人知吾之情，是謂山城⑪。

行列⑫已定，士卒已陣，法令已行，奇正已設，各置衝陣⑬於山之表，便兵所處。乃分車騎為烏雲之陣。三軍疾戰，敵人雖眾，其將可擒。

【今註】㊀盤石：大石如盤也。㊁亭亭：山峰高聳之貌。㊂棲：如鳥棲於樹上；此處言被敵所逼，棲於山頂而不能下來之意。㊃囚：囚禁也；此處言敵人據高以臨我，如被囚禁於山麓，不能行動也。㊄被山而處：據全山而處之意。㊅烏雲之陣：如烏鳥之聚散無常，行雲之流動不定，時分時合，四處流動之陣形；簡言之，即機動之戰鬥部隊也，其兵種以騎兵車兵為主。㊆陰陽：山之南面為陽，北面為陰。㊇備：警戒守備之意。㊈陵：侵犯也。㊉絕：阻絕之意。㊁山城：山上之城堡，或山上之陣地。㊂行列：部署之意。㊂衝陣：攻擊部隊也。

【今譯】武王問太公：我軍深入諸侯之地，遇到高山盤石，其上峰巒高聳，無有草木可資隱蔽，四面皆有受敵攻擊之可能。我三軍因之恐懼，士卒心理迷惑。我欲在此防守則能堅固，在此進攻則可勝利。其方法將如何？

太公對說：在山地作戰，三軍若佔領山之高處，則易為敵人所迫，不得下山。若佔領山之低處，則為高處敵人所瞰視，如被囚禁於獄中不能自由行動。我軍既已據山而處，必須作烏雲陣之部署。所謂烏雲陣之部署，乃是學習烏鳥和流雲，聚散無常、游動無定之部署，簡言之，即控制機動部隊，隨時可機動於各方面作戰之部署也。一面並須在山之陽面陰面，均派兵警戒。如機動部隊屯駐於山之陽，則須戒備山之陰；如屯駐於山之陰，則須戒備山之陽；如屯駐於山之左，則須戒備山之右；如屯駐山之右，則須戒備山之左。凡敵人所能侵入之地，皆派兵加以防守。衢道通谷，則以戎車加以阻絕。高豎旌旂；謹飭三軍保密，無使敵人知曉我軍之情況，此可稱為全山之城堡。

此種部署之要領，除派遣各地警戒部隊外，以主力軍之材士強弩，編為數個攻擊部隊（衝軍）依地形之便利分置於山之各地以攻擊侵入之敵人；而以戎車與騎兵編為機動部隊（烏雲陣）以流動策應各方面之戰鬥。部隊依此原則分配，並預定奇正策應之各項行動。敵人若向我進攻，我三軍依此疾戰，則敵軍雖眾，其將可得而擒也。

「解」：綜括太公所示對山地戰鬥，概有如下之四項原則：

一、山地範圍廣大，軍隊行動困難，因之山之陽面陰面以及左右兩側，凡有通道細徑，均須嚴加警戒。如三國時代魏將鄧艾，由陰平道縋綁而下，遂以破蜀，此乃由於警戒不周密之故。

二、山地行動困難，故須分區控制攻擊部隊，以攻擊侵入之敵人。如果區內沒有敵人侵入，則可策應鄰近地區之攻擊，而向敵人之側方後方進攻。

三、山地中進攻之敵人，亦同樣陷於兵力分散行動困難之情況中，故我軍不論兵力大小，以猛烈攻擊為制勝之要著。

四、以戎軍與騎兵編為機動部隊策應各方，但須預闢道路與各種準備，始能達成任務。

以上四項原則，在現代傳統性戰爭中仍有其價值。

烏雲澤兵第四十八（論河川戰）

一、河川戰以誘敵渡河而以設伏口袋戰擊敗之。
二、部署分河川監視兵伏兵攻擊部隊和機動部隊。
三、誘敵渡河而邀擊之。

武王問太公曰：引兵深入諸侯之地，與敵人臨水相拒。敵富而眾；我貧而寡。踰水㈠擊之，則不能前。欲久其日，則糧食少。吾居斥鹵之地㈡，四旁無邑，又無草木。三軍無所掠取，牛馬無所芻牧㈢。為之奈何？

太公曰：三軍無備，士卒無糧，牛馬無食。如此者，索便詐敵㈣而亟去之，設伏兵於後。

武王曰：敵不可得而詐。吾士卒迷惑。敵人越我前後，吾三軍敗而走。為之奈何？太公曰：求途㊄之道，金玉為主㊅，必因敵使，精微為寶㊆。

武王曰：敵人知我伏兵，大軍不肯濟㊇，別將㊈分隊，以踰於水。吾三軍大恐。為之奈何？

太公曰：如此者，分為衝陣，便兵所處。須其畢出，發我伏兵，疾擊其後。強弩兩旁，射其左右。車騎分為烏雲之陣，備其前後。三軍疾戰。敵人見我戰合，其大軍必濟水而來。發我伏兵，疾擊其後；車騎衝其左右。敵人雖眾，其將可走。

凡用兵之大要，當敵臨戰，必置衝陣，便兵所處。然後以車騎分為烏雲之陣，此用兵之奇也。所謂烏雲者，烏散而雲合，變化無窮者也。武王曰：善哉！

【今註】 ㈠踰水：渡河也。㈡斥鹵之地：鹽分甚高，不能種植之地。㈢芻牧：芻為牛馬所食之草；

牧為放牛馬自食草之意。㊃索便詐敵：尋求一個便利的機會以欺詐敵人之意。㊄求途：尋求一條道路之意。㊅金玉為主：以金玉財貨誘使敵人來奪取之意。㊆精微為寶：設計此項誘敵之策，要精微祕密，不使敵人覺察之意。㊇濟：渡河也。㊈別將：另外派遣的指揮官。

【今譯】武王問太公：我軍深入諸侯之地，與敵人臨水相持。敵人財物富足，而兵又眾多。我軍財物貧乏，而兵又寡少。我欲渡水攻擊，則力有所不能；欲久持時日，糧食又不足。我軍處於貧瘠斥鹵之地，四旁又無其他城邑，又無草木可資蔭蔽。三軍之用，無可掠取；牛馬之食，無所芻牧。將為之奈何？

太公對說：三軍無防守之具，士卒無糧食，牛馬無芻秣。我軍處於此種情況，宜尋求一個便利的機會設法欺詐敵人，而亟亟離開此地。此時須設伏兵於後方，以便於其追擊時將其擊敗。

武王又問：如果敵人不受我們的詐誘之計，我軍士卒又恐慌迷惑。此時敵人越我前後而攻擊，我三軍將散亂而走。為之奈何？太公對說：此時尋求退路的方法，須以金銀貨財暴露於敵，使其生掠奪之心，尤其要使來往彼我之間的間諜人員或軍使知其詳情。此種誘敵之計，須精微細密，勿使敵人覺察。敵人為圖奪取財物，將必中吾之計也。

武王又問：敵人知我設置伏兵，其大軍停於彼岸，祇派遣別將率領一部渡水攻我。我三軍因之恐懼，將為之奈何？

太公對說：我軍處於此種情況。宜於地形便利之處，設置攻擊部隊，並設伏兵。俟其渡水部隊全部渡過，然後發我伏兵攻其後方；又令強弩射其兩旁。此時戎車和騎兵，則編為機動部隊，控制于後方以掩護側背。我攻擊部隊即向渡水之敵進攻。敵人之主力部隊，見其先遣部隊已渡水與我接戰，亦必跟續渡水來攻。我則發動另一伏兵疾攻其後，機動部隊攻其左右。敵人雖眾，其必潰敗無疑。凡用兵之大要，當與敵對戰之時，必依地形之便利，設置攻擊部隊與以戎車和騎兵編成之機動部隊。此機動部隊，利用車和馬之機動力，猶如烏鳥和流雲隨時聚散以策應各方，為變化無窮之戰力。此二者，皆用兵之奇也。武王說：善哉公言！

「解」：綜括太公所示對河川戰之要點，概有如下之三項原則：

一、河川戰以誘敵渡河而以設伏兵之口袋戰法擊敗之。

二、其部署分為河川監視兵伏兵攻擊部隊與機動部隊。

三、誘敵渡河乘其半渡邀擊之。

以上三項原則，在現代傳統性戰爭中仍有其價值。

少眾第四十九（論以寡擊眾以弱擊強）

一、以寡擊眾必以奇計。

二、以弱擊強必求與國。

武王問太公曰：吾欲以少擊眾，以弱擊強，為之奈何？太公曰：以少擊眾者，必以日之暮，伏以深草，要之隘路。以弱擊強者，必得大國之與㊀，鄰國之助。

武王曰：我無深草，又無隘路，敵人已至，不適日暮；我無大國之與，又無鄰國之助。為之奈何？

太公曰：妄張詐誘，以熒惑㊁其將，迂其途，令過深草；遠其路，令會日暮。前行未渡水，後行未及舍，發我伏兵，疾擊其左右，車騎擾亂其前後。敵人雖眾，其將可走。事大國之君，下鄰國之士，厚其幣，卑其辭。如此，則得大國之與，鄰國之助矣。武王曰：善哉！

【今註】㊀與：親近之意。㊁熒惑：火星也，其光閃爍不定，有炫惑之意。

【今譯】武王問太公：我欲以少擊敵之眾，以弱擊敵之強，將為之奈何？太公對說：以少擊眾，必以日之昏暮，埋伏於深草叢林之中，邀擊於隘路險塞之地。以弱擊強，必須得到大國之支持，鄰國之援助。

武王又問：我軍在地形上，既無深草叢林可以埋伏，又無隘路險塞之地可以邀擊。敵人已來攻我，不能待至日暮。至於以弱擊強，我在外交上，既無大國之支持，又無鄰國之援助。將為之奈何？

太公對說：我軍處於此種情況，宜用誇張詐騙種種詭計，如多張旂鼓，派遣散兵於敵人之側方後方施行擾亂，利用民間造作種種謠言等，以搖惑其將帥之心理；迂迴其進路，使其經過深草叢林隘路險塞之地；延遲其時間，使其於日暮昏暗之時與我相遇；欲向前，則不及渡水；欲退後，則不及就舍。此時發我伏兵，疾擊其左右，車騎擾亂其前後。敵人雖眾，可得而敗之，其將必走矣。至於以弱擊強之方法，必須在外交上努力。敬事大國之君主，禮遇鄰國之賢士；厚其聘禮，謙其辭令。如此，則可得到大國之支持，鄰國之援助矣。武王說：善哉公言！

「解」：本章武王所設想之情況，確為一種艱險萬狀之情況。而太公之處理此種情況，雖未明白指出，細味其語氣，還是使用後退設伏的口袋戰法。我們試以孫臏馬陵道之戰為例，來解釋太公的原則。孫臏之減灶，就是熒惑魏太子申的心理；孫臏之接連後退三日，至日暮終使魏兵到達馬陵道，就是迂迴其進路和稽延其時日的方法。由此可知太公所示的方法，都是確切可行的，不是紙上的空談，要在慧心領會之耳。綜括太公所示對以寡擊眾以弱擊強的方法，概有如下之二項原則：

一、以寡擊眾，必以奇計。
二、以弱擊強，必求與國。

以上二項原則在現代戰爭中仍有其價值。

分險第五十（論山水間險隘地區之戰鬥）

一、山水間險隘地區之戰鬥山翼水翼均須警戒。
二、由水翼進攻時則於彼岸先設置橋頭陣地。
三、由正面或山翼進攻則將部隊分為戰鬥團齊頭進攻。

武王問太公曰：引兵深入諸侯之地，與敵人相遇於險阨㈠之中。吾左山而右水；敵右山而左水，與我分險相拒。吾欲以守則固，以戰則勝，為之奈何？

太公曰：處山之左，急備山之右；處山之右，急備山之左。險有大水，無舟楫者，以天潢㊁濟吾三軍。已濟者，亟廣吾道，以便戰所。以武衝㊂為前後，列其強弩，令行陣皆固。衢道谷口，以武衝絕之。高置旌旗，是為軍城㊃。

凡險戰㊄之法，以武衝為前，大櫓㊅為衛；材士強弩，翼吾左右。三千人為一屯㊆，必置衝陣㊇，便兵所處。左軍以左，右軍以右，中軍以中，並攻而前。已戰者，還歸屯所，更戰更息，必勝乃已。

武王曰：善哉！

【今註】㊀阨：音ㄜˋ，隘也。㊁天潢：為渡水之門舟。㊂武衝：為武衝戎車。㊃軍城：即橋頭陣地，亦可稱為橋頭堡。㊄險戰：乃險隘地之戰鬥。㊅大櫓：為大楯戎車。㊆一屯：一個駐軍區。㊇衝陣：攻擊部隊也。

【今譯】武王問太公：我軍深入諸侯之地，與敵人相遇於險阻阨塞之地。我軍所處，左在山而右臨水；敵軍所處，右在山而左臨水，與我軍分據山之險阨而相持。我欲以守則堅固；以戰則制勝。將如之何？

太公對說：我軍處於此種地形：若佔領山之右側，必須戒備山之左側以防其包圍；若佔領山之左側，同樣必須戒備山之右側。我軍之進攻，可分為由水翼進攻，或由山翼進攻兩種。如由水翼進攻，而水上又無舟楫時，則須準備大小門舟、飛江、張索、轆轤等渡水工具，以渡我軍。我軍之先頭渡過部隊，急向前進攻，以能掩護我主力軍繼續渡水展開作戰之地幅為度而占領陣地。以武衝戎車為前後，以材士強弩為正面，使陣地堅固；對於道路與小徑，均以戎車阻絕之。陣地高豎旌旂，稱為橋頭陣地，亦可稱為橋頭堡。此種橋頭陣地，不僅可為我軍由水翼進攻之基點，同時亦可為我軍由中央或由山翼進攻時側翼之掩護。

我軍如由中央或山翼進攻時，則以武衝戎車為前導，大楯戎車為衛，材士強弩分置左右；步兵以三千人為一個戰鬥集團，作為攻擊部隊，依地形便利而處。進攻時，左集團在左，右集團在右，中集團在中，齊頭進攻。如進攻困難，一時無法攻下敵陣地時，則將各集團之前面已作戰之部隊，調至集團後面，而使集團後面之部隊調至前面，如此輪番進攻，輪番休息，必使攻下敵陣地而後已。武王說：善哉公言！

「解」：綜括太公對山水間險隘地區之作戰，計有下列三項原則：

一、對山水間險隘地區之戰鬥，山翼和水翼均須設置警戒。

二、如由水翼進攻，則於水之彼岸先設置橋頭陣地。
三、如由正面中央或山翼進攻，則將部隊分為若干戰鬥集團，齊頭進攻。
以上三項原則，在現代傳統性戰爭中仍有其價值。

第六篇　犬韜（軍事戰術學之三）

分合第五十一（論分進合擊）

一、分進合擊之會師首要在遵守約定之時間與地點。
二、錯誤了時間與地點，易致逸失戰機而失敗故必加重罰。
三、古代無外線作戰之名辭此原則亦適用於外線作戰。

武王問太公曰：王者帥師，三軍分為數處，將欲期會合戰㊀，約誓賞罰，為之奈何？

太公曰：凡用兵之法，三軍之眾，必有分合之變。其大將㊁先定戰地戰日，然後移檄書㊂與諸將吏期㊃，攻城圍邑，各會其所；明告戰日，漏刻㊄有時。大將設營而陣，立表㊅轅門㊆，清道而待。諸將吏至者，校㈧其先後；先期至者賞，後期至者斬。如此，則遠近奔集，三軍俱至，并力合戰。

【今註】㈠期會合戰：約期會合而作戰也。㈡大將：主將也。㈢檄書：檄音ㄒㄧˊ；檄書，為軍中徵召之文書，即現制之作戰訓令或命令。古時用木簡，長一尺二寸，故檄字從木旁。㈣期：約期也。㈤漏刻：為古代計時間之器；其法用兩銅壺，分置上下。上壺置水，使漏入下壺。下壺設有浮標，標竿上刻有分畫。上壺之水漏入下壺時，標竿漸漸升起，則可知時間幾時幾刻。古時一晝夜分為十二個時辰，即子丑寅卯以至戌亥；每個時辰分為八刻，稱為上四刻與下四刻。㈥立表：立標竿以觀日影之正斜，亦為測知時間之用。㈦轅門：古時軍營之正門也。古時軍隊屯駐時，四周以車輛為圍垣，在營門用兩車仰置，以車上繫馬之轅桿兩條，豎立於門之兩側以為門，故稱為轅門。㈧校：校核之意。

【今譯】武王問太公：王者帥師而出，三軍分駐數處。主將欲令三軍約期會合，與敵接戰。此種約期誓師，施行賞罰，究應如何處理？

太公對說：凡用兵之法，三軍眾多，必須作分進合擊之部署，即分路進軍，會合戰鬥之部署也。此時主將應先決定會師之地點與日期，然後以作戰命令（即檄書）下達於部下各將領，約期攻人之城，或圍人之邑，各部隊會聚於所約之處。此項命令中須明告會師之日期與時刻。及期，主將將自己所率領之部隊設營立陣，清道以待，並立標竿於營之轅門內以測日影。諸將領之如期到達者，校量其先後，先期約而至的加以獎賞，後期約而至的斬以徇眾。如此，則遠近皆來會集，三軍皆應期而至，併力作戰矣。

「解」：綜括太公所示對於分進合擊之會師，概有下列二項原則：

一、分進合擊之會師，首要在遵守約定之時間與地點。

二、錯誤了時間與地點，易致貽誤戰機而失敗，故必須重罰。

以上兩項原則在現代之傳統性戰爭中仍可適用。古代無外線作戰之名辭，但此原則亦可用於外線作戰。

武鋒第五十二（論戰場制勝之戰機）

一、掌握戰機為制勝之要決。

二、十四種變化情況均為良好之戰機。

三、牧野戰之勝利即是掌握第一種戰機。

武王問太公曰：凡用兵之要，必有武車㈠驍騎，馳陣㈡選鋒㈢，見可㈣則擊之。如何而可擊？

太公曰：夫欲擊者，當審察敵人十四變㈤。變見㈥則擊之，敵人必敗。武王曰：十四變可得聞乎？

太公曰：敵人新集㈦可擊。人馬未食可擊。天時不順㈧可擊。地形未得㈨可擊。奔走㈩可擊。不戒⑪可擊。疲勞可擊。將離士卒可擊。涉長路可擊。濟水可擊。不暇⑫可擊。阻難狹路可擊。亂行⑬可擊。心怖可擊。

【今註】㈠武車：勇武之戎車。㈡馳陣：在陣前馳騁之勇士。㈢選鋒：選拔之前鋒。㈣見可：發見可擊之機會。㈤十四變：十四種變化之情況。㈥變見：變化之發見也。㈦新集：開始集合布陣之時。㈧天時不順：如逆風、逆光、雨雪交加等時候。㈨地形未得：如面對高山、背臨大水、地幅狹窄、或泥濘沼澤等。㈩奔走：軍隊東奔西走之意。⑪不戒：軍隊未設警戒也。⑫不暇：軍隊張皇失措，不安定也。⑬亂行：軍隊行列錯亂也。

【今譯】 武王問太公：凡用兵之要則，我軍必須有武勇之戎車、驍勇之騎兵、以及馳陣選鋒之勇士，以為迅速攻敵之部署。此種迅速攻擊之先鋒部隊，見敵有可乘之機，則迅速起而攻擊。但究竟發見敵人何種情況，然後可以攻擊呢？

太公對說：我軍要攻擊敵人，當審察敵人十四種變化的情況。這十四種變化的情況如發現，則為攻擊之良好機會，急宜發動攻擊，敵人必敗。武王又問：如何叫做十四種變化的情況？

太公對說：敵人新集，開始布陣，部署未周，可擊一。人馬尚未飲食，士卒饑餓疲勞，可擊二。天時不順，如冒疾風甚雨、冰雪載途，士卒戰鬥困難之際，敵人戒備易致鬆懈，可擊三。地形未得，如困於險阻，陷於泥濘，車騎不得平野，步卒阻於沼澤，可擊四。士卒奔走錯亂，部伍不嚴，可擊五。警戒鬆懈，可擊六。士卒疲勞，可擊七。將離部隊，號令無主，可擊八。跋涉長路，前後不能救應，可擊九。軍隊渡水，戰力前後分散，可擊十。士卒張皇失措，部伍不整，可擊十一。阻難隘路之中，軍隊不能展開列陣，可擊十二。士卒亂行，行列錯亂，可擊十三。士卒心理恐懼，士氣低落而無戰鬥精神，可擊十四。此十四種變化情況，均為我軍攻擊之良機，宜即發動攻擊，不可錯失，實為制勝之要道。

「解」：本章為戰術上最為重要之一章。因戰爭之勝敗，不在兵力之大小，而在於能乘勢握機，與敵人以致命之打擊，即可獲得戰爭之勝利。所以在戰場上之窺破戰機與掌握戰機，乃為制勝之惟一要訣。本章所述十四種變化情況，即為戰場上所顯現之諸種戰機，要在智慧之將帥，斷然以掌握之耳。我們試讀《尚書・武成篇》所載周殷牧野之戰：「癸亥（西元前一一一二年二月三日），師（周國之兵）陣於商郊（牧野），俟天休命。甲子（四日）昧爽，受（紂王）率其旅若林，會於牧野。罔有敵於我師。前徒倒戈，攻於後以北，血流漂杵。」由此段記載裏，可以看出周軍於二月三日已到達商郊牧野，而且已布成攻擊之陣，一切準備均已完成。殷紂之軍，則於四日黎明纔始到達。這樣就給與周軍一個「敵人新集，部署未定，可擊」，和「敵人奔走可擊」的良好戰機。周軍即刻掌握此一戰機向紂軍猛烈進攻而將其擊潰，遂以造成周殷兩朝興亡之局。由此，我們可以知道這窺破戰機和掌握戰機，不僅決定了兩軍之勝敗，而且也決定了兩個朝代之興亡。其重要性，自不言而喻了。

此原則在現代戰爭中仍有其甚高之價值，為將帥者，應熟讀而揣摩之，實為戰場制勝之要道。

練士第五十三（論訓練士卒之一）

「解」：本章內容係敘述訓練士兵原則，務求發揮其所長而編組之。內容嫌分類過於繁瑣，原文移於後編，備供參考。

教戰第五十四（論訓練士卒之二）

「解」：本章內容無甚深義，原文移於後編，備供參考。

均兵第五十五（論各兵種性能與戰力）

本章係述各兵種性能，無甚深義。

武王問太公曰：以車與步卒戰，一車當幾步卒，幾步卒當一車？以騎與步卒戰，一騎當幾步卒，幾步卒當一騎？以車與騎戰，一車當幾騎，幾騎當一車？

太公曰：車者，軍之羽翼也，所以陷堅陣，要㊀強敵，遮走北㊁也。騎者，軍之伺候㊂也，所以踵㊃敗軍，絕糧道，擊便寇㊄也。

故車騎不敵戰(六)，則一騎不能當步卒一人，三軍之眾成陣而相當(七)：則易戰(八)之法，一車當步卒八十人，八十人當一車；一騎當步卒八人，八人當一騎；一車當十騎，十騎當一車。險戰(九)之法，一車當步卒四十人，四十人當一車；一騎當步卒四人，四人當一騎；一車當六騎，六騎當一車。

夫車騎者，軍之武兵(一〇)也。十乘敗千人，百乘敗萬人；十騎走百人，百騎走千人，此其大數也。

武王曰：車騎之吏數(一一)與陣法(一二)奈何？太公曰：置車之吏數：五車(一三)一長，十五車(一四)一吏，五十車(一五)一率(一六)，百車(一七)一將(一八)。易戰之法，五車為列，相去四十步，左右十步，隊間六十步。險戰之法，車必循道，十五車為聚(一九)，三十車為屯(二〇)，前後相去二十步，左右六步，隊間三十六步。縱横相去一里，各返故道。

置騎之吏數：五騎一長，十騎一吏，百騎一率，二百騎一將。易戰之法：五騎為列，前後相去二十步，左右四步，隊間五十步；險戰之法：前後相去十步，左右二步，隊間二十五步。三十騎為一屯，六十騎為一輩㉑，縱橫相去百步，周還㉒各復故處。武王曰：善哉！

【今註】㊀要：邀擊也。㊁遮走北：遮斷敗走之敵也。㊂伺候：伺，偵察也；候，斥候，即偵探也。㊃踵：追蹤之意。㊄便寇：游動之敵人也。㊅不敵戰：不馳衝敵人之時。㊆相當：成陣衝敵之時。㊇易戰：平易之戰鬥。㊈險戰：險塞地之戰鬥。㊉武兵：武勇之兵，即主要兵種之意。⑪吏數：軍官之數目。⑫陣法：戰鬥列陣之法。⑬五車：內三車為戎車，二車為守車。⑭十五車：內九車為戎車，六車為守車。⑮五十車：內三十車為戎車，二十車為守車。⑯率：為指揮官之名稱。⑰百車：內六十一車為戎車，三十九車為守車。⑱將：以將軍為指揮官。⑲聚：編組之名稱。⑳屯：編組之名稱。㉑輩：編組之名稱。㉒周還：戰鬥之時，騎兵隊衝鋒而前，追衝擊敵人後復還至原陣之意。

【今譯】武王問太公：以戎車與步兵戰，一乘戎車可當幾個步兵，幾個步兵可當一乘戎車？以騎兵與步兵戰，一個騎兵可當幾個步兵，幾個步兵可當一個騎兵？以戎車與騎兵戰，一乘戎車可當幾個騎兵，幾個騎兵可當一乘戎車？

太公對說：戎車為三軍之羽翼，用以護衛我軍突擊敵人之堅陣，邀擊強敵之進攻，與遮斷敵人敗走之退路。騎兵為三軍之耳目，用以偵察敵人之間隙，追擊敵人之敗軍，斷絕敵人之糧道，與邀擊敵人之側襲和迂迴，以保護我軍側背之安全。

戎車與騎兵，如不在馳衝作戰時，則一騎不能當步兵一人。若三軍列陣而馳衝時，在平易地戰鬥，車騎、馳騁容易：一乘戎車可當步兵八十人，八十人當一車。一個騎兵可當步兵八人，八人當一騎。一乘戎車可當騎兵十人，十騎當一車。在險塞地戰鬥，車騎馳騁困難：一乘戎車可當步兵四十人，四十人當一車。一個騎兵可當步兵四人，四人當一騎。一乘戎車可當騎兵六人，六騎當一車。戎車與騎兵，乃三軍中之主要兵糧。十乘戎車，可以擊敗敵人之步兵一千人，百乘戎車，可以擊敗敵人之步兵一萬人。十名騎兵，可以擊敗敵人步兵一百人，百名騎兵，可以擊敗敵兵步兵一千人。此為用戎車與騎兵之大略。

以下所述之編制與陣法，現時已不適用，從略。

武車士第五十六（論武車士之選拔）

（移後編）

武騎士第五十七（論武騎士之選拔）

（移後編）

戰車第五十八（論戰車戰術）

一、戰車為軍中之主兵決戰爭之勝敗。
二、戰車之掌握戰機在乘八勝而避十害。
三、牧野之戰即掌握八勝之第一種。

武王問太公曰：戰車奈何？太公曰：步貴知變動，車貴知地形，騎貴知別徑奇道㈠，三軍同名而異用也。凡車之戰，死地㈡有十，勝地㈢有八。

武王曰：十死之地奈何？太公曰：往而無以還者，車之死地也。越絕險阻，乘敵遠行㈣者，車之竭地也。前易後險者，車之困地也。陷之險阻而難出者，車之絕地也。圮下漸澤㈤，黑土黏埴㈥者，車之勞地也。左險右易，上陵㈦仰阪㈧者，車之逆地也。殷㈨草橫畝，犯歷浚澤㈩者，車之拂地也。車少地易，與步不敵者，車之敗地也，後有溝瀆，左有深水，右有峻阪者。車之壞地也。日夜霖雨，旬日不止，道路潰陷，前不能進，後不能解者，車之陷地也。此十者，車之死地也。故拙將之所以見擒，明將之所以能避也。

武王曰：八勝之地奈何？太公曰：敵之前後，行陣未定，即陷之。旌旗擾亂，人馬數動，即陷之。士卒或前或後，或左或右，即陷之。陣不堅固，士卒前後相顧，即陷之。前往而疑，後往而怯，即陷之。三軍猝驚，皆薄而起㈡，即陷之。戰於易地，暮不能解，即陷之。遠行而暮舍，三軍恐懼，即陷之。此八者，車之勝地也。將明於十害八勝，敵雖圍周㈢，千乘萬騎，前驅旁馳，萬戰必勝。

武王曰：善哉！

【今註】㈠別徑奇道：特別的小徑和奇險的道路。㈡死地：無生路之地謂之死地。㈢勝地：可以勝敵之地，謂之勝地。㈣乘敵遠行：追擊敵人於遠距離之意。㈤圮下漸澤：圮下，崩下之意；漸澤，漸洳澤鹵之地。㈥黏埴：黏土泥濘也。㈦陵：高阜之崖。㈧阪：陡急之坡。㈨殷：茂盛貌。㈩犯歷浚澤：犯，陷也，陷下深澤之意。㈡薄而起：驚駭而起之意。㈢圍周：包圍四周也。

【今譯】武王問太公：運用戰車以與敵作戰，其法如何？太公說：用步兵，貴在知敵之變動而能乘勢握機，用戰車，貴在知地之形勢而能縱橫馳衝，用騎兵，貴在知別徑奇道而能迂迴襲敵。三兵種雖同為部隊，而其用途各異。凡以戰車作戰，地形和情況上有十種死地與八種勝地。

武王又問：戰車作戰十種死地如何？太公對說：可以前往而難以退回之地，為車之死地；死地則無進。越絕險阻之地以追敵之遠行，易致人馬困乏，為車之竭地；竭地則無追。前面平曠，後面險隘之地，前進容易，後退困難，為車之困地；困地則無退。陷於險阻之地而難出者，為車之絕地；絕地則無入。地形崩圮，下有沮洳沼澤，並有黑土黏埴者，為車之勞地；勞地則無越。左拒險阻，右臨平曠，上越丘陵，前仰山阪者，為車之逆地；逆地則無攻。深草滿野，且有沼澤縱橫其間，為車之拂地；拂地則無戰。地形平易，但戰車數少，不能與敵步兵相敵，為車之敗地；敗地則無留。後有溝瀆而不能退，左有深水，右有峻阪而不能馳，為車之壞地；壞地則無前。時逢霖雨，兼旬不止，道路崩塌，野地水溢，車馬無法行動，為車之陷地；陷地則速謀離去。以上十項，皆為戰車作戰之死地。明智之將，能早時謀慮，故能先期避去；而無謀之將，多臨時張皇，必因此而致敗。

武王再問：戰車作戰，八勝之地如何？太公對說：敵之陣形部署，前後未定，即馳而襲攻之。敵之旌旗擾亂，人馬頻頻調動，即馳而襲攻之。敵之士兵，或前或後，或左或右，行動不停，即馳而襲攻之。敵人佈陣不堅固，士兵前後相顧望，即馳而襲攻之。敵人前進遲疑，後退恐懼，即馳而襲攻之。敵人三軍倉皇驚恐，慌亂而起，即馳而襲攻之。與敵人戰於平曠之地，日已昏暮，而勝負未分，即馳而襲攻之。敵人長途行軍，日暮始行宿營，三軍疲勞而恐懼，即馳而襲攻之。此八者，皆戰車襲攻之良機，而為車戰獲勝之要訣也。

將帥能明於上述之十害八勝，敵人雖以千乘萬騎，圍我周扎，我必能前驅旁馳，將其擊敗。武王說：善哉公言！

「解」：本章論戰車戰術，在戰術上甚為重要之一章，與前面「武鋒第五十二論戰場制勝之戰機」一章同樣重要。戰車為軍中之主要兵種，其任務為陷堅陣、敗強敵。其運用之當否，常足為戰爭全局勝敗之樞紐。戰車制勝之要訣，照太公所示，在掌握八勝之戰機而避去十害之地形。周殷牧野之戰，太公之所以選取牧野為戰場，就是地形上著眼。而牧野戰之勝利，乃是由於掌握八勝中之第一種戰機而獲得。可見牧野之戰之選取戰場與其先紂軍而到達，都是太公預先之安排，並非偶然之事。孫子說：「故知戰之地，知戰之日，則可千里而會戰。不知戰地，不知戰日，則左不能救右，右不能救左，前不能救後，後不能救前。」這正可作周殷兩軍牧野戰爭之寫照。由此可知善用兵者，其制勝在於運用兵力之技巧，而與其兵力之強弱無關焉。至於現代戰爭所用之戰車，雖其動力由馬匹改為機械，由古代之皮質防楯改為裝甲，其性能之優越，自較古代之戰車，高出百倍與千倍，但其任務仍為陷堅陣，敗強敵。所以其運用之要點，仍不能背離太公所定之原則。

戰騎第五十九（論騎兵戰術）

一、騎兵富於機動力與衝擊力缺乏持久戰力。

二、騎兵以用於繞越敵人之側背為主。

三、運用騎兵須注意十勝之機與九敗之地。

四、現代之輕戰車與直昇機仍可適用本章原則。

武王問太公曰：戰騎奈何？太公曰：騎有十勝九敗㈠。

武王曰：十勝奈何？太公曰：敵人始至，行陣未定，前後不屬㈡，陷其前騎，擊其左右，敵人必走。敵人行陣，整齊堅固，士卒欲鬥。吾騎翼而勿去，或馳而往，或馳而來，其疾如風，其暴如雷，白晝如昏，數更旌旂，變更衣服，其軍可克。敵人行陣不固，士卒不鬥。薄其前後，獵其左右，翼而擊之敵人必懼。敵人暮欲歸舍，三軍恐駭，翼其兩旁，疾擊其後，薄其壘口㈢，無使得入，敵人必敗。敵人無險阻保固，深入長驅，絕其糧道，敵人必饑。地平而易，四面見敵，車騎陷之，敵人必亂。敵人奔走，士卒散亂。或翼其兩旁，或掩其前後，其將可擒。敵人暮返，其兵甚眾，其行陣必亂。令我騎十而為隊，百而為屯，車五而為聚，十而為羣，多設旌旂，雜以強弩；或擊其兩旁，或絕其前後，敵將可虜。此騎之十勝也。

武王曰：九敗奈何？太公曰：凡以騎陷敵而不能破陣㈣；敵人佯走，以車騎返擊我後，此騎之敗地也。追北㈤踰險，長驅不止；敵人伏我兩旁，又絕我後，此騎之圍地也。往而無以返，入而無以出，是謂陷於天井㈥，頓於地穴㈦，此騎之死地也。所從入者隘，所從出者遠。彼弱可以擊我強，彼寡可以擊我眾，此騎之沒地㈧也。大澗深谷，翳茂林木，此騎之竭地㈨也。左右有水，前有大阜㈩，後有高山；三軍戰於兩水之間，敵居表裏㈡，此騎之艱地㈢也。敵人絕我糧道，往而無以還，此騎之困地也。汙下㈢沮澤。進退漸洳㈣，此騎之患地㈤也。左有深溝，右有坑阜，高下如平地，進退誘敵，

此騎之陷地⑯也。此九者，騎之死地也。明將之所以遠避，闇將⑰之所以陷敗也。

【今註】㊀十勝九敗：十勝，十種制勝之戰機；九敗，九種致敗之地形。㊁不屬：不相連繫之意。㊂壘口：營壘之入口。㊃破陣：破其陣地也。㊄追北：追擊敗北之敵也。㊅天井：四方高，中央下，謂之天井。㊆地穴：地之下陷者為地穴。㊇沒地：覆沒之地也。㊈竭地：困竭之地也。㊉大皐：大的高皐也。⑪表裏：表，外表；裏，裏面。⑫艱地：艱險之地。⑬汙下：陷下之意。⑭漸洳：沼澤之地。⑮患地：罹患之地。⑯陷地：陷入而難出之地。⑰闇將：愚闇之將也。

【今譯】武王問太公：以騎兵與敵交戰，其方法如何？太公對說：運用騎兵作戰，有十勝之機和九敗之地。武王又問：所謂十勝之機如何？太公對說：

一、敵人初至，陣形未定，前後不相連繫，我騎兵隊即衝擊其前騎，或襲攻其左右。敵人必將驚惶潰亂而敗走。

二、敵人陣形堅固，士氣旺盛。我騎兵圍而攻之。此時我宜利用之機動，作輪番交換之進攻。時而變更旌旂，更換服裝，以示部隊之眾多。馳衝疾如閃電，殺聲喧似暴雷，塵土飛揚，天日為昏。敵人雖眾，其心必搖，其陣可克。

三、敵人陣形不整，士氣低落。我騎兵攻其前後，襲其左右，包圍其兩翼而擊之，敵人必心懷恐懼而致敗。

四、時際日暮，敵人急欲歸回營地，軍心慌亂。此時我騎兵翼攻其兩旁，衝擊其後隊，一面派遣一部繞越其前頭，堵塞其營壘之入口，則敵人必敗無疑。

五、若敵人所處之地，無險阻可以拒守，我騎兵應深入長驅，斷其糧道。敵人必致饑餓而敗亡。

六、若敵人所處之地，平曠而無險阻。我騎兵若從前後左右四面襲擊之，敵人必亂而敗走。

七、若敵人士兵散亂，奔走不停。此時我騎兵或翼攻其前後，或衝擊其左右，則其將可得而擒也。

八、敵人日暮歸返營壘，士兵眾多，歸心甚急，其行陣必亂。此時我騎兵以十騎為一隊，百騎為一羣；戰車五乘為一隊，十車為一羣，多設旌旂，雜以強弩，或襲擊其兩旁，或攻擊其前後。則敵隊必亂，敵將可擒也。

九、十兩條已佚失。

以上為騎兵作戰十種制勝之戰機。

「解」：上列九、十兩項，因脫簡佚失，無從查考。

武王再問：所謂九敗之地如何？太公說：

一、以騎兵攻敵，而不能衝破其陣。敵人佯敗而退，以車騎繞擊我後。此為騎兵之敗地。

二、我騎兵追擊敗退之敵，踰越險阻之地，長驅不止。敵人伏我兩旁，又斷絕我後方。此為騎兵之圍地。

三、地形上，可前進而不能後退，可進入而無法突出，可說是陷於天井之中，困於地穴之內。此為騎兵之死地。

四、地形上，進路甚為狹隘，出路甚為迂遠。是困於隘道之中，敵人可以寡弱兵力，擊我強大兵力。此為騎兵覆沒之地。

五、地形上有大澗深谷，樹林茂密，灌木叢生，騎兵難以活動之地。此為騎兵困竭之地。

六、地形上，左右有深水，前有大阜，後有高山。我三軍與敵戰於兩水之間，敵人佔有內外之地利。此為騎兵艱苦之地。

七、敵人斷絕我之後路。我有前進之路，而無退返之道。此是騎兵窘困之地。

八、地形上，汙下卑濕，沼澤泥濘，騎兵難於活動。此為騎兵勞累之地。

九、地形上，左有深浚之溝，右有坑阜之險，但外表高下如平地，此為進退誘敵之良好地形。騎兵在此種地形作戰，易於中伏，故為騎兵之陷地。

以上九項，為騎兵作戰九敗之地。明智之將，曉於此中利害，自必設法避去。愚闇之將，不知此中利害，陷入其中，必致慘敗無疑。

「解」：本章為騎兵戰術，與前章戰車戰術同樣重要。騎兵富於機動力與衝擊力，但缺乏持久之戰鬥力，故其使用，常以繞越敵人之側背，切斷其後路，擾亂其後力以威脅其主力為主旨。在現代，乘馬之騎兵，因火力之猛烈已廢棄不用。但代之而起的仍有輕速之戰車隊、直昇機隊與傘兵，起而接替其任務。太公所示之十勝九敗各原則，雖為乘馬騎兵而設，但對於新式機械化騎兵之運用，仍有其價值，不可輕忽視之。

又前章之戰車戰術與本章之騎兵戰術兩篇，太公所述車騎作戰勝敗之理：車騎之敗，皆由於地形之不同而引起；而其勝，則皆由於敵情之變化而引起。此諸種原則，太公雖皆以就我方而立論。但若從相反方面來領會，如敵人進入各種失敗之地形，即為我制勝之良機；我方行動如犯了敵人所犯之錯誤，一樣足以招致失敗。此不可不加以注意的。總之，明智之將，在精於觀察地形與敵情，敏於掌握戰機，則為制勝之要訣。孫子說：「善戰者，立於不敗之地而不失敵之敗也。」又說：「能因敵變化而取勝者，謂之神。」即是此意也。

戰步第六十（論步兵防禦戰術）

一、步兵防禦必須依託丘陵險阻之地形以為固。

二、如無地形依託則以工事構成陣地核心。

三、核心陣地外須派出游動部隊以為犄角。

武王問太公曰：步兵與車騎戰奈何？太公曰：步兵與車騎戰者，必依丘陵險阻，長兵㊀強弩居前，短兵㊁弱弩居後，更發更止㊂。敵之車騎雖眾而至，堅陣疾戰，材士強弩，以備我後。

武王曰：吾無丘陵，又無險阻。敵人之至，既眾且武，車騎翼我兩旁，獵㊃我前後。吾三軍恐懼，亂敗而走，為之奈何？

太公曰：令我士卒為行馬，木蒺藜，置牛馬隊伍，為四武衝陣；望敵車騎將來㊄，均置蒺藜；掘地匝後㊅，廣深五尺，名曰命籠㊆。人操行馬進步，闌車以為壘㊇，推而前後㊈，立而為屯㊉；材士強弩，備我左右。然後令我三軍，皆疾戰而不解。武王曰：善哉。

【今註】㊀長兵：矛戟等。㊁短兵：刀盾也。㊂更發更止：輪番而發，輪番而止也。㊃獵：襲擊也。㊄望敵車騎將來：判斷敵騎可能進攻之處。㊅掘地匝後：四周開掘濠溝也。㊆命籠：陣地之中心基地。㊇闌車以為壘：四周以車為闌而為壘也。㊈推而前後：可以推向前，推而向後也。㊉立而為屯：停止後即為一個堡壘。

【今譯】　武王問太公：以步兵與車兵騎兵作戰，其法如何？太公對說：步兵若與車兵騎兵作戰，必依託丘陵險阻之地形列陣，以矛戟長兵與強弩居前，以刀盾短兵與弱弩居後，輪流更番戰鬥，更番休止。敵之車騎雖眾向我攻擊，我如堅陣疾戰，射殲其人馬，則可將敵人擊敗。此外必須另以一部材士強弩防備我後方。

武王又問：我方如無丘陵險阻之地形可資依託，敵人來攻，既眾且強。彼以車騎翼攻我兩側，襲擊我前後。我三軍心懷恐懼，將散亂而走，為之奈何？

太公對說：命我士卒設置拒馬和木蒺藜於四周，置牛馬隊伍於其中，四周結為四武衝陣，周圍開掘濠溝環繞，廣深各五尺；判斷敵車騎可能進攻之處，多設拒馬蒺藜等障礙物，成為一個堅固的陣地中心基地。此外另以步兵一部攜帶行動拒馬，以車輛闌而為壘，可以推而前進或後退；停止時，即以為戰鬥堡壘，並以材士強弩備其左右。敵人來攻時，我行動堡壘與中心基地皆疾戰不懈，必可將敵人擊敗。武王說：善哉公言。

「解」：綜合太公對於步兵防禦之作戰，計有下列三項原則：

一、步兵防禦必須依託丘陵險阻地形以為固。

二、如無地形依託，則須以工事與障礙物構成陣地之中心基地。

三、於中心基地外分遣一部兵力構成行動堡壘以為犄角。

以上三項原則，在現代傳統性戰爭中仍有其價值。

後編

簡引：《六韜》本文內關於討論古代當時所使用之武器裝備，編制陣法，以及通信方法等，到現在因時代之進步，已無研究價值。玆為使讀者節省研讀精力起見，特將此諸篇章由本文移出，集體編為本書之後編，藉以保留原文而備查閱與參考。

王翼第十八

武王問太公曰：王者帥師，必有股肱羽翼，以成威神，為之奈何？太公曰：凡舉兵師，以將為命。命在通達，不守一術。因能授職，各取所長，隨時變化，以為紀綱。故將有股肱羽翼七十二人；以應天道。備數如法，審知命理。殊能異技，萬事畢矣。

武王曰：請問其目？太公曰：

腹心一人：主贊謀應猝，揆天消變，總攬計謀，保全民命。（即今之參謀總長）

謀士五人：主圖安危，慮未萌，論行能，明賞罰，授官位，決嫌疑，定可否。（即今之軍務與人事參謀）

天文三人：主司星曆，候風氣，推時日，考符驗，校災異，知天心去就之機。（即今之氣象參謀）

地利三人：主軍行止形勢，利害消息，遠近險易，水涸山阻，不失地利。（即今之地理參謀）

兵法九人：主講論異同，行事成敗，簡練兵器，刺舉非法。（即今之作戰參謀）

通糧四人：主度飲食，備蓄積，通糧道，致五穀，命三軍不困乏。（即今之後勤參謀）

奮威四人：主擇才力，論兵革，風馳電掣，不知所由。（即今之裝甲兵參謀）

伏旗鼓三人：主伏旗鼓，明耳目，詭符印，謬號令，闇忽往來，出入若神。（即今之執行官或發令參謀）

股肱四人：主任重持難，修溝塹，治壁壘，以備守禦。（即今之工程參謀）

通才二人：主拾遺補過，應對賓客，論議談語，消患解結。（即今之連絡參謀）

權士三人：主行奇譎，設殊異，非人所識，行無窮之變。（即今之謀略參謀）

耳目七人：主往來，聽言視變，覽四方之士，軍中之情。（即今之情報人員）

爪牙五人：主揚威武，激勵三軍，使冒難攻銳，無所疑慮。（此即挺進隊員，現今司令部內不設）

羽翼四人：主揚名譽，震遠方，動四境，以弱敵心。（即今之宣傳人員）

遊士八人：主伺姦候變，開闔人情，觀敵之意，以為間諜。（即今之間諜人員）

術士二人：主為譎詐，依託鬼神，以惑眾心。（現今司令部內不設）

方士三人：主百藥，以治金瘡，以痊萬症。（即今之醫務人員）

法算二人：主會計三軍營壘糧食，財用出入。（即今之主計財務人員）

陰符第二十四

武王問太公曰：引兵深入諸侯之地，三軍猝有緩急，或利或害。吾將以近通遠，從中應外，以給三軍之用。為之奈何？

太公曰：主與將，有陰符，凡八等。有大勝克敵之符，長一尺。破軍殺將之符，長九寸。降城得邑之符，長八寸。卻敵報遠之符，長七寸。誓眾堅守之符，長六寸。請糧益兵之符，長五寸。敗軍亡將之符，長四寸。失利亡士之符，長三寸。諸奉使行符，稽留者，若符事泄，聞者告者，皆誅之。八符者，主將祕聞，所以陰通言語，不泄中外相知之術。敵雖聖智，莫之通識。武王曰：善哉。

陰書第二十五

武王問太公曰：引兵深入諸侯之地，主將欲合兵，行無窮之變，圖不測之利。其事繁多，符不能明；相去遼遠，言語不通。為之奈何？

太公曰：諸有陰事大慮，當用書，不用符。主以書遺將，將以書問主。書皆一合而再離，三發而一知。再離者，分書為三部。三發而一知者，言三人，人操一分，相參而不知情也。此謂陰書。敵雖聖智，莫之能識。武王曰：善哉。

五音第二十八

武王問太公曰：律音之聲，可以知三軍之消息，勝負之決乎？

太公曰：深哉！王之問也。夫律管十二，其要有五音：宮、商、角、徵、羽，此真正聲也，萬代不易。五行之神，道之常也。金、木、水、火、土，各以其勝攻也。古者三皇之世，虛無之情，以制剛強。無有文字，皆由五行。五行之道，天地自然。六甲之分，微妙之神。

其法以天清淨，無陰雲風雨，夜半遣輕騎，往至敵人之壘，去九百步外，徧持律管當耳，大呼驚之。有聲應管，其來甚微。角聲應管，當以白虎。徵聲應管，當以玄武。商聲應管，當以朱雀，羽聲應管，當以勾陳。五管聲盡不應者，宮也，當以青龍。此五行之符，佐勝之徵，成敗之機也。武王曰：善哉！

太公曰：微妙之音，皆有外候。武王曰：何以知之？太公曰：敵人驚動則聽之。聞枹鼓之音者，角也。見火光者，徵也。聞金鐵矛戟之音者，商也。聞人嘯呼之音者，羽也。寂寞無聞者，宮也。此五者，聲色之符也。

軍用第三十一

武王問太公曰：王者舉兵，三軍器用，攻守之具，科品眾寡，豈有法乎？太公曰：大哉王之問也。夫攻守之具，各有科品，此兵之大威也。武王曰：願聞之。

太公曰：凡用兵之大數，將甲士萬人，法用：

武衛大夫扶胥三十六乘。材士強弩矛戟為翼，一車七十二人；車四馬駢駕，六尺車輪；車上立旂鼓，兵法謂之震駭。陷堅陣，敗強敵。

「註」：此處「四馬駢駕」四字，係譯者根據《詩經・大雅篇・大明章》「駟騵彭彭」句與周禮中戎車均係四駢六轡而增加，藉以使讀者明瞭戎車之狀況。

武翼大櫓矛戟扶胥七十二乘。材士強弩矛戟為翼；五尺車輪，絞車連弩自副。陷堅陣，敗強敵。

提翼小櫓扶胥一百四十四乘。絞車連弩自副；陷堅陣，敗強敵。

大黃參連弩大扶胥三十六乘。材士強弩矛戟為翼；飛鳧電影自副。飛鳧，赤莖白羽；電影，青莖赤羽。晝則以絳縞，長六尺，廣六寸，為光耀；夜則以白縞，為流星。陷堅陣，敗步騎。

衝車大扶胥三十六乘。螳螂武士共載，可以擊縱橫，敗強敵。

輕車騎寇，一名電車，兵法謂之電擊。陷堅陣，敗步騎。

矛戟輕車扶胥一百六十乘。螳螂武士三人共載，兵法謂之霆擊。陷堅陣，敗步騎。

方首天棓，重十二斤，柄長五尺，一千二百枚。大柯斧又名天鉞，刀長八寸，重八斤，柄長五尺，一千二百枚。方首天搥，重八斤，柄長五尺，一千二百枚。敗步騎羣寇。

飛鈎，長八寸，鈎芒長四寸，柄長六尺，一千二百枚。以投其眾。

三車拒守，木螳螂，劍刃，行拒馬，廣二丈，一百二十具。平易地，以步兵敗車騎。

木蒺藜，去地二尺五寸，一百二十具。短衝矛戟扶胥（車）一百二十輛。敗步騎，要窮寇，遮走北。

狹路微徑，張鐵蒺藜，芒高四寸，廣八寸，一千二百具。敗步騎。

夜瞑來促戰，白刃接。鋪兩鏃蒺藜，芒間相去二尺，一萬二千具。曠林草中，方胸鋋矛，一千二百具；張鋋矛法，高一尺五寸，敗步騎，要窮寇，遮走北。

狹路微徑，地陷，鐵械鎖，一百二十具，敗步騎，要窮寇，遮走北。

壘門拒守，矛戟小楯十二具，絞車連弩自副。三軍拒守，天羅虎落鎖，廣一丈五尺，高八尺，一百二十具，虎落劍刃扶胥（車），廣一丈五尺，高八尺，五百一十具。

渡溝塹，飛橋一間，廣一丈五尺，長二丈，轉關轆轤八具，以環利通索張之。

渡大水，飛江（即門舟），廣一丈五尺，長二丈，共八具，以環利通索張之（即成浮橋）。天浮（即木筏），三十二具，以環絡連接。

山林野居，結虎落柴營，用環利鐵鎖，環利大通索，環利中通索，環利小微螺，天雨蓋，重車上板，結枲鉏鋙，車一乘，以鐵杙張之。

伐木天斧，重八斤，柄長三尺，三百枚。棨钁，刃廣六寸，柄長五尺，三百枚。銅築固為垂，長五尺，二百枚。鷹爪。方胸鐵把，柄長七尺，三百枚。方胸鐵叉，柄長七尺，三百枚。方胸兩枝鐵叉，柄長七尺，三百枚。芟草木大鐮，柄長七尺，三百枚。大櫓刃，重八斤，柄長六尺，三百枚。委環鐵杙，長三尺，三百枚。椓杙大槌，重五斤，柄長二尺，百二十枚。甲士萬人，強弩六千，戟櫓二千，矛櫓二千，修治攻具，砥礪兵器，巧手三百人。此舉兵之大數也。

武王曰：允哉。

「解」：本章文字，關於兵器部分，錯亂甚多，難於確切瞭解。又按殷周交替時代，我國文化尚在青銅器時代，而章內有許多鐵製器具，當為後人所摻入，姑並存之。

練士第五十三

武王問太公曰：練士之道奈何？太公曰：軍中有大勇力，敢死樂傷者，聚為一卒，名為冒刃之士。

有銳氣壯勇強暴者，聚為一卒，名曰陷陣之士。

有奇表長劍，接武齊列者，聚為一卒，名曰勇銳之士。

有披距伸鉤，強梁多力，潰破金鼓，絕滅旌旂者，聚為一卒，名曰勇力之士。

有踰高絕遠，輕足善走者，聚為一卒，名曰寇兵之士。

有王臣失勢，欲復見功者，聚為一卒，名曰死鬥之士。

有死將之人，子弟欲為其將報仇者，聚為一卒，名曰死憤之士。

有貧窮忿怒，欲快其志者，聚為一卒，名曰必死之士。

有贅婿人虜，欲掩迹揭名者，聚為一卒，名曰勵鈍之士。

有胥靡免罪之人，欲逃其恥者，聚為一卒，名曰幸用之士。

有材技兼人，能負重致遠者，聚為一卒，名曰待命之士。

此軍之練士，不可不察也。

教戰第五十四

武王問太公曰：合三軍之眾。欲令士卒服習教戰之道，奈何？

太公曰：凡領三軍，必有金鼓之節，所以整齊士眾者也，將必明告吏士，申之以三令，以教操兵起居，旌旂指麾之變法。故教吏士：使一人學戰；教成，合之十人。十人學戰；教成，合之百人。百人學戰；教成，合之千人。千人學戰；教成，合之萬人。萬人學戰；教成，合之三軍之眾。大戰之法，教成，合之百萬之眾。故能成其大兵，立威於天下。武王曰：善哉。

武車士第五十六

武王問太公曰：選車士奈何？太公曰：選車士之法，取年四十以下，長七尺五寸以上，走能逐奔馬，及馳而乘之，前後左右，上下周旋，能束縛旌旂；力能彀八石弩，射前後左右，皆便習者，名曰武車之士，不可不厚也。

武騎士第五十七

武王問太公曰：選騎士奈何？太公曰：選騎士之法，取年四十以下，長七尺五寸以上，壯健捷疾，超絕倫等；能馳騎彀射，前後左右，周旋進退；越溝塹，登丘陵，冒險阻，絕大澤；馳強敵，亂大眾者，名曰武騎之士，不可不厚也。

編後語

綜觀《太公六韜》一書，實為古代帝王創國之學。在全書文字上，雖有些近於粗豪簡率，然其涵義奧深，自古以來，能充分讀解者甚少其人。管仲取其六守三寶之政制，即以開創齊國之霸業；孫武擷其機勢奇正之運用，著為兵學之典範。余細讀全書之內容，彼將經營國家與決勝疆場萬端之事，縮寫於萬言尺素之中。「利天下者天下歸之」，一語就決定殷周兩代興亡之局。真是如羅陳泰岱華嶽於几案之上，運籌國運於指顧之間。自古以來，其治政治軍之道，乘機決勝之策，實未有能超過之者。後世儒生，未能深體其中奧義，妄肆批評，譏為鄙俚野人之言，斥為後人偽作，致將本書列為兵學七書之末，視為無足輕重。誠不免昧於至道之言，厚厚的誣衊前賢了。不過，我們如果從另一方面來看：像太公那樣在本書中所籌謀的革命創國之事，從外形上看，是與一般性的造反與謀叛之事有其相似之處，此當為歷代專制帝王所痛深惡絕之事。是則本書之得以倖免於專制帝王毀版禁絕之災，而能流傳至於今世，實有賴於諸儒詆譭蔑視之功。毀之適足以成之，天下竟有如此奇巧之事，是又為詆譭諸儒始料所不及。吾人今日能讀到此書，猶應感謝諸儒維護之力也。全書校譯既畢，因略述粗率管窺之見，深望海內賢達有以教之。

附圖　衝擊戎車編成及周代軍制

《孫子兵法・作戰篇》張預註：

牧野之戰，大扶胥之衝車，概為：馳車一乘，戎馬四匹，甲士三人，卒七十二人。守車一乘，牛四頭，卒（服勤卒）二十五人，列之如下圖：

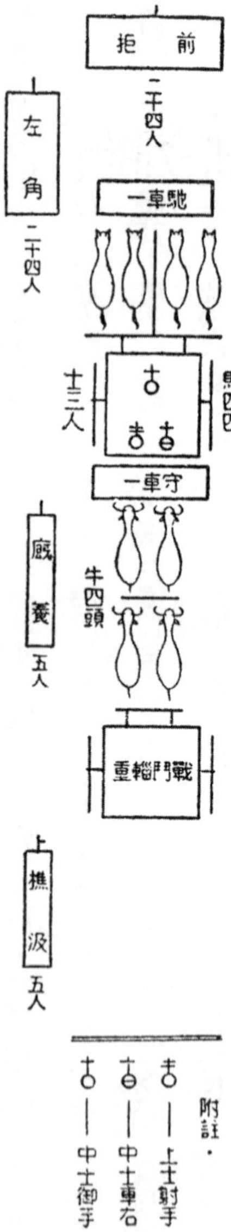

周代一軍之編制　依周禮所載軍之編制與兵車之編成

項目＼隊別	軍	師	旅	卒	兩	伍
編制內單位	五師	五旅	五卒	四南	五伍	五人
兵車乘數	一百二十五乘	二十五乘	五乘	一乘		
戰鬥人員數	一萬二千五百人	二千五百人	五百人	一百人	二十五人	五人
指揮官	將	帥	帥	卒長	兩司馬	伍長
指揮官官爵	卿	中大夫	下大夫	上士	中士	下士

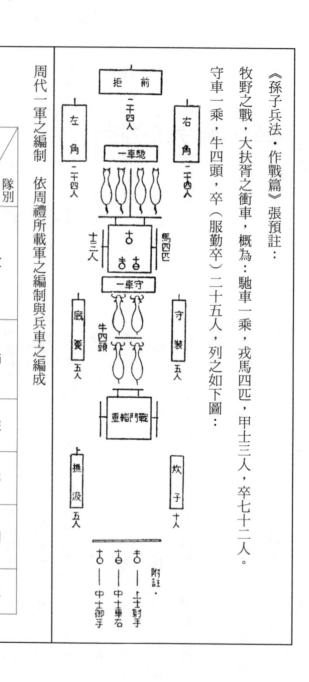

古籍今註今譯

太公六韜今註今譯

編　　者—中華文化總會
　　　　　國家教育研究院
註 譯 者—徐培根
發 行 人—王春申
總 編 輯—李進文
責任編輯—徐平
校　　對—鄭秋燕

業務組長—陳召祐
行銷組長—張傑凱
出版發行—臺灣商務印書館股份有限公司
　　　　　23141 新北市新店區民權路 108-3 號 5 樓（同門市地址）
電話：(02)8667-3712　傳真：(02)8667-3709
讀者服務專線：0800056196
郵撥：0000165-1
E-mail：ecptw@cptw.com.tw
網路書店網址：www.cptw.com.tw
Facebook：facebook.com.tw/ecptw

局版北市業字第 993 號
初版：1976 年 2 月
修訂版：1984 年 10 月
三版：1990 年 3 月
四版一刷：2020 年 1 月
印刷廠：沈氏藝術印刷股份有限公司
定價：新台幣 450 元
法律顧問：何一芃律師事務所

太公六韜今註今譯 ／ 徐培根 註譯. -- 四版. -- 新北市：臺灣商務, 2020. 1

面 ； 公分. --（古籍今註今譯）

ISBN 978-957-05-3243-2（平裝）

1. 六韜 2. 註釋

592.0915 108019365